# 园 林 工 程 测 量

主　编　赵　群
副主编　杨　艳　戴智勇
参编者　王艳东

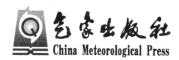
气象出版社
China Meteorological Press

## 内 容 简 介

本书主要讲述了测量工作的基本内容、基本原理及其在园林建设中的应用。全书共分十二章,具体内容包括:园林工程测量的基本工作;园林工程测量及其误差的基本知识;常规及新型仪器的使用方法;小地区控制测量;地形图测绘及其应用;现代测绘技术;园林规划设计测量;园林工程施工测量等。本书可作为高等院校园林、林学、果树等有关专业的测量学课程的基本教材,也可作为园林规划、设计及管理单位工程技术人员的参考书。

**图书在版编目(CIP)数据**

园林工程测量/赵群主编. —北京:气象出版社,2009.8
ISBN 978-7-5029-4869-6

Ⅰ. 园…  Ⅱ. 赵…  Ⅲ. 园林-工程测量
Ⅳ. TU986.2

中国版本图书馆 CIP 数据核字(2009)第 207958 号

---

出版发行:气象出版社

| | | | |
|---|---|---|---|
| 地　　址:北京市海淀区中关村南大街 46 号 | | 邮政编码:100081 | |
| 总 编 室:010-68407112 | | 发 行 部:010-68409198 | |
| 网　　址:http://www.cmp.cma.gov.cn | | E-mail: qxcbs@263.net | |
| 责任编辑:方益民　王小甫 | | 终　　审:纪乃晋 | |
| 封面设计:博雅思企划 | | 责任技编:吴庭芳 | |
| 印　　刷:北京昌平环球印刷厂 | | | |
| 开　　本:750mm×960mm　1/16 | | 印　　张:13.75 | |
| 字　　数:310 千字 | | 印　　数:1～4000 | |
| 版　　次:2009 年 8 月第 1 版 | | | |
| 印　　次:2009 年 8 月第 1 次印刷 | | | |
| 定　　价:25.00 元 | | | |

---

本书如存在文字不清、漏印以及缺页、倒页、脱页等,请与本社发行部联系调换

# 前　言

　　本教材在广泛收集和查阅了大量测量及在园林应用方面的相关资料的基础上，结合现代测绘技术的发展趋势，对传统和现代的测量仪器及园林工程测量技术做了适当的介绍。

　　本教材针对园林、园艺专业人才的需要而编写。教材主要内容注重基本理论与实践应用的介绍，尤其是将测量在园林中应用分为园林规划设计测量和园林工程施工测量来编写，使学生及工程技术人员能够更好地学习和掌握这门技术。本教材内容在选材和表达上尽量做到简明通俗，注重实用性，适合于初、中、高级技术人员和大专院校师生参考和阅读。

　　本书共分十二章，第一章到第三章由戴智勇编写，第四章到第六章由北京昌平区园林规划处杨艳编写，第七章由北京昌平园林规划处王艳东编写，第八章到第十二章由赵群编写。书中部分图、表和统稿由赵群、戴智勇、杨艳、王艳东整理。

　　由于编者水平和时间有限，书中难免有错误和不当之处，敬请读者给予批评指正。

编　者

2009 年 6 月 1 日

# 目 录

# 第一章　绪　论

## 第一节　测量学概述

### 一、测量学的定义

测量学是研究地球的形状和大小以及确定地面、水下及空间点位的科学。它的主要内容包括两部分，即测定和测设。测定是指用测量仪器对被测点进行测量、数据处理，从而得到被测点的位置坐标，或根据测得的数据绘制地形图；测设是指把图纸上设计好的工程建筑物、构筑物的位置通过测量在实地标定出来。

自 20 世纪 90 年代起，世界各国将大学里的测量学（Surveying 或 Geodesy）专业、测量学机构和测量学杂志都纷纷改名为 Geomatics。Geomatics 是一个新造出来的英文名词，以前的英文词典中找不到此词，因此也没有与之对应的汉译名词。1993 年 Geomatics 才第一次出现在美国出版的 Webster 词典（第 3 版）中，其定义为：Geomatics 是地球的数学，是所有现代地理科学的技术支撑。接着，1996 年国际标准化组织（ISO）对 Geomatics 定义为：Geomatics 是研究采集、量测、分析、存储、管理、显示和应用空间数据的现代空间信息科学技术。Geomatics 由 Geo 和 matics 两部分构成，根据上述两个定义，Ceo 可以理解为地球或地学，更准确地应理解为 Ceo-spatial（地球空间）的缩写，matics 可以理解为 Informatics（信息学）或 Mathematics（数学）的缩写。从 Geo-matics 的兴起可以看出，借助现代科学技术且适应现代社会需求，测量学已发展成为另外一门新的科学：地球空间信息学。我国权威部门对 Geomatics（测绘学）的定义是，研究与地球有关的基础空间信息的采集、处理、显示、管理、利用的科学与技术（全国科学技术名词审定委员会公布《测绘学名词》，2002）。这是对 Geomatics 的更全面阐述。

### 二、测量学的任务与作用

测量是国家经济建设和国防建设的一项重要的基础性、先行性工作，通过测量，对地球的形状、大小、地壳形变及地震预报等进行科学研究，建立国家基本控制网，提供各种地形图，为各项工程建设提供基本定位控制、地形测图和施工放样，为空间科技和国防建设提供精确的点位坐标和图纸资料。

在经济建设中，资源勘察、城乡建设、交通运输、江河治理、土地整治、环境保护、行政界线勘定都需要测量,例如,港口、水电站、铁路、公路、桥梁、隧道的建造,给水排水、燃气管道等市政工程的建造,工业厂房和民用建筑的建造等。在它们的规划设计阶段,需要测绘各种比例尺的地形图,以供工程的平面和竖向设计之用;在它们的施工阶段,必须通过测量将设计好的构筑物的平面位置和高程在实地标定出来,作为施工的依据;在它们竣工以后,需测绘竣工图,以供日后进行扩建、改建和维修之用;在它们运营管理阶段,还需要进行长期的变形观测,以保证工程的安全。在国防建设中,国界勘定、军用地图测制、航天测控等都离不开测量。例如,远程导弹、人造卫星或航天飞船的发射,必须通过测量保证它们精确入轨,在飞行过程中根据测量随时校准轨道位置,最后准确地命中目标或就位。在科学研究方面,对地壳升降、海陆变迁、地震监测、灾害预警、宇宙探测等的研究,高能物理研究中的巨型粒子加速器和质子对撞机的精密安装等,也都依赖于测量技术。另外,目前地理信息系统正广泛地应用于各行各业,测量成果作为地理信息系统的基础,提供了最基本的空间位置信息,同时,测量也是将来不断更新基础地理信息必不可少的手段。

**三、测量学的分类**

测量学包括普通测量学、大地测量学、摄影测量学、工程测量学和海洋测量学等分支学科。

普通测量学是在不顾及地球曲率的情况下,研究地球表面较小区域内测绘工作的理论、技术和方法的学科,是测量学的基础。

大地测量学是研究整个地球的形状、大小和地球重力场,在考虑地球曲率的情况下,大范围建立测量控制网的学科。根据测量的方式不同,大地测量学又分为常规大地测量学和卫星大地测量学。

摄影测量学是通过摄影、扫描等图像记录方式,获取目标模拟的和数字的影像信息,并对这些影像信息进行处理、判释和研究,从而确定被摄目标的形状、大小、位置、性质等理论、技术和方法的学科。根据摄影的方式不同,摄影测量学又分为地面摄影测量学、航空摄影测量学和遥感学。

工程测量学是研究各种工程建设在勘测、设计、施工和运营管理阶段所进行的测量工作的学科。根据测量的工程对象不同,工程测量学又可分为土木工程测量、水利工程测量、矿山工程测量、线路工程测量、地下工程测量和精密工程测量等。

海洋测量学是研究测量地球表面各种水体(包括海洋、江河、湖泊等)的水下地貌的学科。

**四、测量学的发展简史与趋势**

测量学是伴随人类对自然的认识、利用和改造过程发展起来的。中国是一个文明古国,测量技术在中国的应用可追溯到4000年以前。在2000多年以前,我国古代人已经认识并利用天然磁石的磁性,制成了"司南"(磁罗盘)用于确定方向;相传大禹治水时就已经制造出"准绳"、"规矩"等测量工具,用于治水工程测量中。这说明 2000 多年前中国已经开始使用测量工具。

在地形图测绘方面,早在公元前 2 世纪,我国古人就已经能在锦帛上绘制有比例和方位的地图。长沙马王堆汉墓出土的公元前 2 世纪的地形图、驻军图和城邑图,是迄今发现的世界上最古老、翔实的地图。魏晋的刘徽在《海岛算经》中阐述了测算海岛之间距离和高度的方法。我国西晋初年裴秀编绘的《禹贡地域图》被认为是世界上出现最早的地图集。

公元 724 年,唐代高僧一行主持了世界上最早的子午线测量,在河南平原地区沿南北方向约 200 km 长的同一子午线上选择 4 个测点,分别测量了春分、夏至、秋分、冬至 4 个时段正午的日影长度和北极星的高度角,且用步弓丈量了 4 个测点间的实地距离,从而推算出北极星每差 1 度相应的地面距离。在阿拉伯地区,尼罗河泛滥也促进了测量的发展,由于尼罗河河水泛滥后恢复农田地界,就需要进行简单的土地测量。在 8 世纪,我国的南宫说在今河南境内进行了子午圈实地弧度的测量;在 16 世纪,随着制造技术的发展,已经开始利用仪器直接测绘图件,再缩绘为不同比例的地图。例如,我国清初康熙年间,首次用仪器测绘完成了《皇舆全览图》。

人类对地球的认识也是一个逐步完善的过程。在西方早在公元前 6 世纪,古希腊的毕达哥拉斯就提出了地球体的概念;200 多年后,亚里士多德进一步论证了地球体的形状;到 17 世纪末,牛顿和惠更斯提出了地扁说,在 18 世纪中期得到法国科学院的测量证实,使人类认识到地球为一椭球体;1873 年利斯廷提出了大地水准面的概念,以大地水准面形成的封闭球体来描述地球形状;1945 年,前苏联的莫洛斯基创立了用地面重力测量数据直接研究真实地球表面形状的重力测量理论。由此,人类对地球的认识,经历了由粗浅到逐渐精确的过程。

近代测绘学是随着经纬仪和水准仪等测量仪器的出现而由西方国家率先建立和发展起来的。在新中国成立以前,我国的测绘技术曾长期处于落后状态。1933 年,同济大学在国内设立了测量系,以培养测绘专门人才。解放后,测绘科学技术得到了快速发展。1954 年,我国建立了 1954 北京坐标系,1956 年建立了黄海高程系统;1958 年,我国颁布了 1∶1 万,1∶2.5 万,1∶5 万,1∶10 万比例尺地形图测绘基本原则(草案);自 1988 年起,我国采用了新的国家高程基准,并在青岛建立了国家水准原点(见图 1-1)。同时,在陕西径阳县永乐镇建立了新的大地坐标原点(见图 1-2),采用 IUGG75 参考椭球,建立了我国独立的参心坐标系(称为 1980 西安坐标系),为建立全国测绘控制网奠定了基础。

图 1-1　国家水准原点

图 1-2　国家大地坐标原点

20 世纪 70 年代以来，随着电磁波测距技术、激光技术和航空摄影技术的发展，以光电测距仪、电子经纬仪、激光指向仪、陀螺定向仪、全站仪、立体摄影量测仪等为代表的现代测绘仪器的出现,使测绘技术和手段取得了突破性进展,极大地提高了测绘工作的精度和作业效率。进入 90 年代后,随着空间科学技术、计算机技术和信息科学的迅速发展,以全球定位系统(GPS)、遥感(RS)和地理信息系统(GIS)技术为代表的“3S”高新技术,推动现代测绘科学进入飞速发展阶段,当代测绘学无论从数据采集、处理、储存、图形显示等各个方面都发生了根本性的变革,测绘科技的服务领域已从专业部门和单位服务,开始拓展到面向公众服务。下面简单介绍“3S”测绘新技术及其应用。

全球卫星定位系统(GPS)是 20 世纪 70 年代美国军方组织开发的军事导航和定位系统,80 年代初开始用于大地测量。其基本原理是电磁波数码测距定位,即利用分布在 6 个轨道上的 24 颗GPS 卫星(见图 1-3),将其在参照系中的位置及时间数据电文向地球播报,地面接收机如果能同时接收 4 颗卫星的数据,就可以解算出地面接收机的三维位置及接收机与卫星时差 4 个未知数。由于其作业不受气候影响,定位精度高且非常可靠,已被广泛地用于测绘领域。

遥感(RS)是利用电磁波对观察对象进行非接触的感知,获取其几何空间位置、形状、物理特征等信息。由于遥感

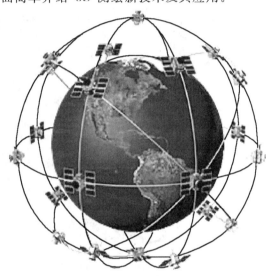

图 1-3　GPS 卫星系统示意图

设备大多安置在飞机和卫星等高速运转的运载工具上,因此,可在大范围内采集地球上的相关信息,为全面和高效率地观察地球提供了新的技术手段。近年来随着遥感图像分辨率的不断提高,民用遥感图像的几何分辨率已经达到分米级,显示出遥感技术在测绘领域的巨大应用前景。图 1-4 为北京奥体中心的遥感图像。

地理信息系统(GIS)是在计算机技术支持下,将各种地理空间信息进行输入、存储、检索、更新、显示、制图,并与其他相关专业系统和咨询系统相结合建立的综合应用系统。通过 GIS 系统,利用互联网可实现地理信息数据共享,为政府、各种社会经济组织,乃至个人的地理信息需求提供服务。图 1-5 为一种提供定位导航服务的车载 GPS系统示意图。

所谓“3S”技术集成,是利用 GPS 实时高精度定位,RS 获取大面积的遥感图像,构成实时动态地理空间信息,采用 GIS 技术构建地理空间信息综合系统,通过互联网提供实时高效的地理空间信息服务。因此,“3S”技术集成是国内外测绘学科发展的趋

图 1-4　北京奥体中心遥感图

GPS接收

CCD相机

车内装备

图 1-5　车载 GPS 系统示意图

势,将使测绘科技在社会经济发展中的作用和地位得到空前的提升,并最终发展成为完善的地球空间信息科学。

# 第二节　地面点位置的确定

## 一、地球的形状和大小

地面点位置的确定,需要建立全球性的参照系。要确定全球参照系,就要研究地球的形状和大小。地球表面分布着高山、丘陵、平原、海洋等复杂的地形地貌。地球上最高的珠穆朗玛峰,高出平均海平面 8844.43 m(2005 年 10 月公布),最低的马利亚纳海沟,大部分低于平均海水面 8000 m。然而,这种起伏程度与地球半径(平均为6371 km)相比,几乎可以忽略不计。地球表面大部分为海洋所覆盖,海洋面积约占地球表面积的71%,陆地面积仅占 29%。因此,地球可以视为是被海水面所包围的球体。

假设一个自由静止的海水面延伸,包围整个地球,形成一个闭合曲面,我们称之为水准面;而过水准面上任意点且与水准面相切的平面,我们称为过该点的水平面;地球上任意点受到地球引力和离心力的合力,我们称之为重力,重力的方向线称为铅垂线,任意点的铅垂线均与水准面正交,且与过该点的水平面相垂直。因此,重力方向线(铅垂线)是测量工作的基准线。由于水面的高低是可变化的,因而水准面有无数个,其中与平均海洋水面重合并向陆地延伸所形成的封闭曲面,称为大地水准面。大地水准面是测量工作的基准面。由大地水准面所围成的地球形体称为大地体。它可以近似地代表地球的形状,如图 1-6 所示。图中 $P_1P$ 为地球自转轴。

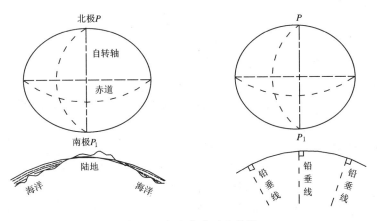

图 1-6　大地水准面示意图

由于地球内部质量的不均匀分布和地球运动的影响,使得铅垂线的方向产生不规则的变化,使大地水准面成为一个不规则的、复杂的曲面。因此,大地体是一个无法用数学公式精确描述的物体。为了测量计算和绘图的方便,可选择一个非常接近大地水准面并可用数学方法表示的规则几何曲面来描述大地体的形状,我们将这个曲面称为地球椭球体面,或称为旋转椭球面或参考椭球面,地球椭球体的形状(见图 1-7)由长半径 $a$ 和短半径 $b$ 确定,也可用长半径 $a$ 和扁率 $\alpha(\alpha = (a - b)/a)$ 来确定。

世界许多国家都有本国的地球椭球体参数。目前,我国"1980 年国家大地坐标系"采用的地球椭球体参数为

| | |
|---|---|
| 长半径 | $a = 6378140$ m |
| 短半径 | $b = 6356755$ m |
| 扁率 | $\alpha = 1/298.257$ |

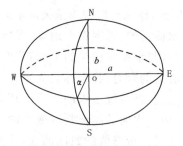

图 1-7　地球椭球体

由于地球椭球体的扁率很小,在测区面积不大时,可近似地将地球视作圆球,其平均半径 $R$ 可按下式计算

$$R = \frac{1}{3}(2a + b) \qquad (1-1)$$

在测量精度要求不高时,其近似值为 6371 km。

**二、测量坐标系**

在测量工作中,通常用下面几种坐标系作为参照系来确定地面点的平面位置。

1. 地理坐标系

地理坐标系又分为大地地理坐标系和天文地理坐标系。如图 1-8 和图 1-9 所示,N、S 分别是地球的北极和南极,NS 称为自转轴。包含自转轴的平面称为子午面。子午面与地球表面的交线称为子午线。通过英国格林尼治天文台的子午面称为首子午面。通过地心垂直于地球自转轴的平面称

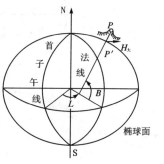

图 1-8　大地地理坐标系

为赤道面,赤道面与椭球面的交线称为赤道。

　　大地地理坐标系是以通过地面点作椭球面的法线为依据,以地球椭球面为基准面的球面坐标系。地面点的大地地理坐标用大地经度 $L$ 和大地纬度 $B$ 来表示。地面点 $P$ 的大地经度为过 $P$ 点的子午面与首子午面的夹角 $L$;其大地纬度为 $P$ 点处椭球面的法线与赤道平面的夹角 $B$(见图 1-8)。

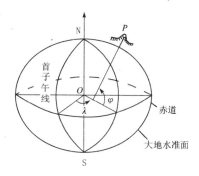

图 1-9　天文地理坐标系

　　天文地理坐标系是以通过地面点的铅垂线为依据,以大地水准面为基准面的球面坐标系。地面点的天文地理坐标用天文经度 $\lambda$ 和天文纬度 $\varphi$ 来表示。地面点 $P$ 的天文经度为过 $P$ 点的子午面与首子午面的夹角 $\lambda$;其天文纬度为 $P$ 点处的铅垂线与赤道平面的夹角 $\varphi$(见图 1-9)。

　　经度是从首子午线起,向东 $0°\sim180°$ 称为东经,向西 $0°\sim180°$ 称为西经。纬度是从赤道起,向北 $0°\sim90°$ 称为北纬,向南 $0°\sim90°$ 称为南纬。例如,北京市某点的大地地理坐标为东经 $L=116°28'$,北纬 $B=39°54'$。

　　**2.高斯平面直角坐标系**

　　地理坐标是球面坐标,因而不便于直接进行角度和距离等各种计算。由于工程设计与计算大多范围不大,且是在平面上进行的,地形图也是平面图纸,因此,需要将地面点位和地面形状表示在平面上,也就是将球面上的图形展绘到平面上,这需要采用适当的投影方法,测量上采用高斯投影法来建立平面直角坐标系。

　　高斯投影方法先将地球椭球体用经线按照 $3°$ 或 $6°$ 的经差划分成带,称为投影带;每一投影带中央的子午线称为中央子午线。例如,$3°$ 带中第一带的中央子午线经度为 $1.5°$。所谓高斯投影,就是假设用一个空心椭圆柱与地球椭球上某带的中央子午线相切,如图 1-10 所示。在球面图形与柱面图形保持等角的条件下,将球面上的图形投影到柱面上,然后将椭圆柱沿着通过南、北极点的母线切开,并展开成平面。在这个平面上,中央子午线与赤道线成为相互垂直的直线,而且中央子午线的长度在投影后未发生变化,其他子午线和纬线成为曲线。取中央子午线为坐标纵轴 $X$,赤道为坐标横轴 $Y$,两轴的交点 $O$ 为坐标原点,组成高斯平面直角坐标系,并规定 $X$ 轴向北为正,$Y$ 轴向东为正。我国位于北半球,$X$ 坐标均为正值,$Y$ 坐标则有正有负,位于任一投影带中央子午线以东的点 $Y$ 坐标为正,以西的点 $Y$ 坐标为负,但为了避免坐标为负,通常将每个投影带的坐标原点向西移 $500\ km$,即所有点的 $Y$ 坐标均加上 $500\ km$,并在 $Y$ 坐标前冠之以投影带的带号,以此确定该点在地球椭球体上的投影带位置。例如,$Y=36465280\ m$ 表示该点位于 $3°$ 带的第 36 带上,距该带中央子午线以西的距离为

$(500.000-465.280)=34.720$ km。

在高斯投影中,离中央子午线近的部分投影变形较小;离中央子午线愈远,其投影变形愈大。

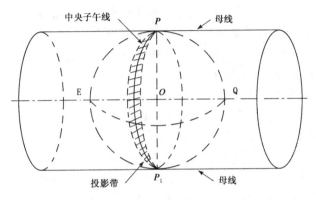

图 1-10　高斯投影示意图

### 3.任意平面直角坐标系

地球椭球体和大地水准面虽然都是曲面,但当测量范围较小(例如半径小于 10 km 的范围)时,可将大地水准面近似地看成平面,在该平面上可建立任意平面直角坐标系。通常将任意直角坐标系的原点选在测区的西南角,$X$ 轴选在测区的南北方向,指向北为正;$Y$ 轴选在东西方向,指向东为正。

### 三、高程系统

地面点的绝对高程(或海拔)是指地面点至大地水准面的铅垂距离,我国的高程起算面是以青岛验潮站历年观测得到的黄海平均海水面为大地水准面的基准,据此推求青岛国家水准原点的高程为 72.260 m,这一系统称为“1985 年国家高程基准”。

地面点的绝对高程用 $H$ 表示。如图 1-11 所示。$H_A$,$H_B$ 分别为 $A$ 和 $B$ 点的绝对

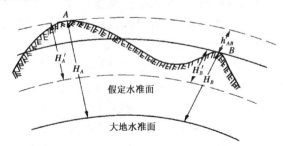

图 1-11　高程系统示意图

高程。

在局部地区有时可以假定一个水准面作为高程起算面(通过指定某个固定点并假设其高程值来确定假定水准面),地面点到假定水准面的铅垂距离称为该点的相对高程。图 1-11 中的 $H'_A$, $H'_B$ 分别表示 $A$ 点和 $B$ 点的相对高程。

地面两点之间的高程差称为高差,用 $h$ 来表示。$A$,$B$ 两点间的高差为

$$h_{AB} = H_B - H_A = H'_B - H'_A \tag{1-2}$$

上式表明,地面两点间的高差与高程系统无关。

# 第三节　测量工作的基本内容与原则

## 一、测量工作的基本内容

地球表面高低起伏并分布着各种地物地貌。测量工作的基本任务是用测绘技术确定地面点的位置,即地面点定位。它包括测量和测设两方面的工作,前者主要指测定实地的地物和地貌位置,并绘制到图纸上形成地形图;后者则是将设计图上的地物按设计坐标在实地标定其位置。在实际测量中,一般不能直接测出地面点的坐标和高程,而是通过测量待定点与已有坐标和高程的已知点之间的几何关系,来推算出待定点的坐标和高程。例如,在图 1-12 中,设 $M$,$N$ 点坐标为已知,$P$ 点为待定点。在 $\triangle MNP$ 中,通过测量角度值 $\alpha_i$ 和边长 $D_i$,即可解算出 $P$ 点的位置。在图 1-13 中,设 $A$ 为已知高程点,$B$ 为待定点,通过测量 $A$,$B$ 点间的高差 $h$,即可推算出 $B$ 点的高程。

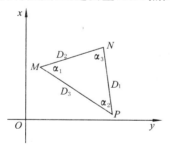

图 1-12　地面点平面位置的定位元素

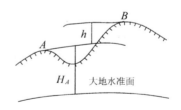

图 1-13　地面点高程的定位元素

因此,测量工作的基本内容是角度测量、距离测量和高差测量。角度、距离和高差是确定地面点相对关系的基本元素。

## 二、测量工作的基本原则

地表形态和地面物体的形状是由许多特征点确定的。在进行地形测量时,就需要测定这些特征点(也称碎部点)的平面位置和高程,再绘制成图。如果从一个已知点出

发逐点施测,虽然可得到这些特征点的位置坐标,但由于测量工作不可避免地存在误差,导致前一点的测量误差传递到下一点,使误差积累起来,最后可能使点位误差达到不可容许的程度。因此,测量工作必须按照一定的原则进行。在实际测量中,应遵循以下三个原则:

1.整体原则

即"从整体到局部"的原则。任何测量工作都必须先总体布置,然后分期、分区、分项实施,任何局部的测量过程必须服从全局的定位要求。

2.控制原则

即"先控制后碎部"的原则。先在测区内布设一些起控制作用的点,称为控制点。将它们的平面位置和高程精确地测定出来,然后再根据这些控制点测定出低级的控制点和碎部点的位置。这种测量方法可以减少误差的积累,并可同时在多个控制点上进行碎部测量,加快工作进度。

3.检核原则

即"步步检核"的原则。测量工作必须重视检核,防止发生错误,并避免错误结果对后续测量工作的影响。

## 思考练习题

1.解释下列名词:水准面;大地水准面;水平面;高斯平面坐标系;绝对高程;相对高程;任意直角坐标系;地球椭球体;铅垂线。

2.在实际测量工作中,所依据的高程基准面是什么?确定一个点的位置的三个基本量是什么?普通测量工作的三个基本测量要素是什么?

3.何谓"3S"技术?它们与常规测量技术相比有何特点?

4.球面坐标与平面坐标有何区别?天文地理坐标与大地地理坐标有何区别?

5.测量工作的基本原则是什么?

6.何谓高差?若已知 $A$ 点的高程为 498.521 m,又测得 $A$ 点到 $B$ 点的高差为 $-16.517$ m,试求 $B$ 点的高程为多少?

# 第二章 距离丈量与直线定向

在测量中一般距离是指两点间的水平距离。若测得的是倾斜距离,一般需要进行改斜计算,转换成水平距离。距离丈量按所用的仪器和工具的不同,一般分为钢尺量距、视距测量、光电测距等。

## 第一节 距离丈量

**一、距离丈量的工具**

距离丈量是指用钢尺、皮尺等丈量工具测得地面上相邻两点间的水平距离的工作。根据不同的精度要求,距离丈量常用的工具有钢尺、皮尺、测绳等量距工具以及标杆、测钎、垂球等辅助工具。另外在精密量距中还采用弹簧秤、温度计等来控制拉力和测定温度。

1.钢尺

钢尺多为薄钢制成,也称为钢卷尺,一般适用于精度要求较高的距离丈量。钢尺按长度分有 20 m,30 m,50 m 等几种规格;按形式分有钢带尺和有皮盒的钢尺,如图 2-1 所示;按零点位置的不同,有端点尺和刻线尺。端点尺的零点在尺的最外端,在丈量两实体地物间的距离时较为方便,如图 2-2(a)所示。刻线尺的零点在尺面内,一般以尺前端的某一处刻线作为尺的零点,如图 2-2(b)所示。在使用钢尺进行量距时一定要认清其零点位置。

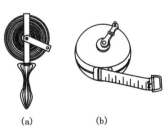

图 2-1 钢尺的形式
(a)钢带尺 (b)带盒的钢尺

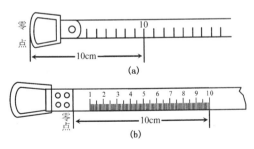

图 2-2 钢尺的零点分类形式
(a)端点尺 (b)刻线尺

钢尺的基本分划单位多为厘米,在每米和每分米处有数字注记,每米一般采用红色数字注记。为了精密距离丈量,一般在钢尺前一段内,有毫米注记,另外还有的钢尺在整个尺面上都是毫米注记,这两类钢尺都适合于精密量距工作。在使用钢尺量距时,必须认清其尺面注记,避免读数错误。

钢尺的优点:钢尺抗拉强度高,不易拉伸,所以量距精度较高,在工程测量中常用钢尺量距。钢尺的缺点:钢尺性脆,易折断,易生锈,使用时要避免扭折、防止受潮。

2.皮尺

皮尺是用麻线和金属丝制成的带状尺,因伸缩性较大,一般适合于精度较低的距离丈量工作。其基本分划单位为厘米,在每米和每分米处有数字注记,每米处的数字注记一般为红色。其长度有 20 m,30 m,50 m 三种规格。它一般为端点尺,其零点由始端拉环的外侧算起。

3.铟瓦尺(Invar)

铟瓦尺是用铁镍以及少量的锰、硅、碳等合金制成的线状尺,也称铟钢尺。因其热膨胀系数较普通钢尺小,因而温度对尺长的伸缩变化影响小,故铟瓦尺的量距精度高,可达到 1/1 000 000,适用于精密量距,但量距十分烦琐,常用于精度要求很高的基线丈量或用于检定普通钢尺。铟瓦尺全套由 4 根主尺、1 根 8 m 或 4 m 长的辅尺组成。主尺直径为 1.5 mm,长度为 24 m,尺面上无分划和数字注记,在尺两端各连一个三棱形的分划尺,长为 8 cm,其上最小分划单位为毫米。

4.标杆

标杆也称为花杆、测杆,一般由木材、玻璃钢或铝合金制成,其直径约为 3~4 cm,长度为 2 m 或 3 m,其上用红白油漆交替漆成 20 cm 的小段,杆底部装有铁尖,以便插入地中,或对准测点的中心,作为观测觇标使用,如图 2-3 所示。

5.测钎

测钎由钢丝或粗铁丝制成,其长度约为 30~40 cm,如图 2-4 所示。一般以 11 根或 6 根为一组,套在铁环上。测钎上端被弯成圆环形,下端磨尖,主要用于标定尺的端点位置和统计整尺段数。

6.垂球

垂球多为金属制成,其外形像圆锥形,如图 2-5 所示。一般用来对点、标点和投点。

**二、距离丈量的一般方法**

距离丈量因其精度要求不同以及不同的地形条件,可采用一般量距方法或精密量距方法进行,现先介绍距离丈量的一般方法。

1.准备工作

距离丈量的准备工作包括地面点位的标定与直线定线工作。

图 2-3　标杆　　　　图 2-4　测钎　　　　图 2-5　锤　球

（1）地面点位的标定　测量要解决的根本问题就是确定地面点的位置。在测量工作中被测定的点通常称为测点，如三角点、导线点、水准点等控制点，一般需要保留一段时间，必须在地面上确定其位置，设立标志，作为细部测量或其他测量时使用。

根据测点（或控制点）等级的不同或保留时间的长短不同，其标志的形式也不尽相同。一般可分为永久性标志和临时性标志。临时性标志可用长约 30～50 cm、粗约 3～5 cm 的木桩，削尖其下端，打入地中，桩头露出地面 3～5 cm，桩顶钉一小铁钉或刻一"＋"字，以其交点精确表示点位，如图 2-6 所示。永久性标志（或半永久性标志）可采用水泥桩或石桩，在其上设立标志，如图 2-7 所示。

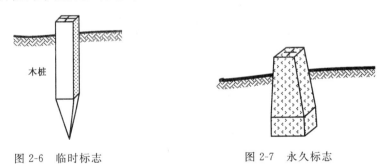

图 2-6　临时标志　　　　　　　图 2-7　永久标志

（2）直线定线　当地面两点之间的地面起伏较大或距离较长时，一个尺段不能完成距离丈量，需要分成多段沿已知直线的方向进行分段量测，最后汇总得其长度。这时须在直线方向上竖立若干标杆，来标定直线的位置和走向，这项工作称之为直线定线。根据精度要求的不同，可采用目估法定线或经纬仪定线。

①目估法定线。若距离丈量的精度要求不是很高时，可采用目估定线法。如图2-8所示，假设通视的 A、B 两点间的距离较长，现要测定 A、B 两点间的距离，则需在 A，B 两点之间标定 C，D 等点，使其在 A、B 两点的直线上。要使 A，B，C，D 等点在同一直

15

线上,采用目估法定线的操作步骤为:

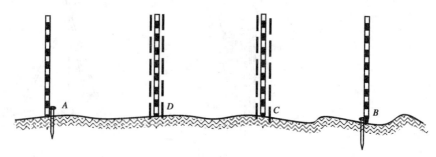

图 2-8　目估法定线

1)在 $A$、$B$ 两端点上竖立标杆,由一测量员站于 $A$ 点标杆后 1～2 m 处,由 $A$ 端瞄向 $B$ 端。

2)另一测量员手持标杆,处于 $A$、$B$ 两点之间,按 $A$ 点测量员的手势在该直线方向上左右移动,直到 $A,B,C$ 三点处于同一直线上为止,将标杆竖直插入 $C$ 点处。

3)以同样的方法继续确定出 $D$ 点及其他各点的位置。

在图 2-8 中,若先定 $C$ 点,再定 $D$ 点,称为走近定线法;若先定 $D$ 点,再定 $C$ 点,称为走远定线法。直线定线一般采用走近定线法。

②经纬仪定线。当距离丈量的精度要求较高时可采用经纬仪定线法或其他的仪器定线法。如图 2-9 所示,设 $A,B$ 两点间相互通视,需在 $A,B$ 两点间定出 $C,D$ 等点来标定直线 $AB$ 的位置和方向,则其操作步骤如下:

图 2-9　经纬仪定线

1)在 $A$ 点安置经纬仪(对中、整平),在 $B$ 点竖立标杆或挂上垂球线。

2)一人在 $A$ 点以盘左位置用望远镜精确瞄准 $B$ 点的标杆,尽量瞄准标杆底部,或瞄准 $B$ 点的垂球线,以望远镜的视线指挥另一人将标杆左右移动(也是尽量瞄准标杆底部),先用盘左定出 $C'$,再以盘右位置定出 $C''$,最后以 $C'C''$ 中分定出 $C$ 点,则直线 $A,B,C$ 三点在同一直线上。

3)以同样方法定出 $D$ 点或其余各点。

**2.距离丈量的一般方法**

距离丈量的一般方法是指当丈量精度要求不高时,所采用的量距方法。这种方法量距的精度能达到 1/1000～1/3000。根据地面的起伏状态,可分为平坦地面的距离丈量和倾斜地面的距离丈量两种形式。

(1)平坦地面的距离丈量　平坦地面的距离丈量根据不同的精度要求,还可分为整尺法和串尺法。

①整尺法量距。在平坦地面,当量距精度要求不高时,可采用整尺法量距,也就是直接将钢尺沿地面丈量水平距离。可先进行直线定线工作,也可边定线边丈量。量距前,先在待测距离的两个端点 $A,B$ 用木桩(桩上钉一小钉)标志,或直接在柏油或水泥路面上钉铁钉标志。丈量时由两人进行,如图 2-10 所示,前者称为前尺手,后者称为后尺手。量距时后尺手持钢尺用零点分划线对准地面测点(起点),前尺手拿一组测钎和标杆,手持钢尺末端。丈量时前、后尺手按直线定线方向沿地面拉紧、拉平钢尺,由后尺手确定方向,前尺手在整尺末端分划处垂直插下一根测钎,这样就完成了一个尺段的丈量工作。然后,两人同时将钢尺抬起(悬空勿在地面拖拉)前进。后尺手走到第一根测钎处,用尺零点对准测点(第一尺段的终点处),两人拉紧、拉平钢尺,前尺手在整尺末端处插下第二根测钎,完成第二个尺段的距离丈量,然后后尺手拔起测钎套入环内。依次继续丈量。每量完一尺段,后尺手都要注意收回测钎,再继续前进,依法量至终点。若当最后一尺段不足一整尺时,前尺手在测点处读取尺上刻划值,得到余尺长 $q$。计算时统计后尺手中的测钎数,此为整尺段数 $n$。则其水平距离 $D$ 可按下式计算:

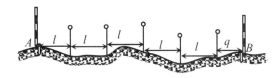

图 2-10　整尺法量距

$$D = n \cdot l + q \tag{2-1}$$

式中 $n$ 为整尺段数;$l$ 为钢尺长度;$q$ 为余尺长。

为了避免量距时发生错误及提高量距精度,应进行往返丈量。返测时从 $B$ 点测向 $A$ 点,要重新定线。若量距精度能达到要求,则取往返距离的平均值为丈量结果。

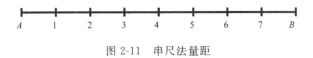

图 2-11　串尺法量距

②串尺法量距。在平坦地面上,当量距精度要求较高时可采用此法。如图 2-11 所示,设要测定 $A,B$ 间的距离,先进行直线定线工作以确定出 $1,2,3,4$ 各点并分别竖立

好测钎。距离丈量时,由后尺手手持钢尺前端,以大于零点的分划线对准地面点 $A$,前尺手手持钢尺末端对准第 1 点,两人拉紧、拉平钢尺,并同时读数,若后尺手读得的数为 0.053 m,前尺手读得的数为 29.835 m,则可计算出第一尺段第一次读数所得的长度为:

$$D_{A1} = 29.835 - 0.053 = 29.782 \text{ m}$$

量完第一尺段后,依同样方法进行其他尺段的距离丈量,则直线 $AB$ 的全长为:

$$D_{AB} = D_{A1} + D_{12} + D_{23} + \cdots + D_{nB} \tag{2-2}$$

以上介绍的步骤是将直线定线和量距分开进行的。实际上,在平坦地面上定线和量距可同时进行。

③丈量精度的评定。为了检验丈量结果是否可靠和提高丈量的精度,通常需要往返丈量或多次丈量,其精度衡量一般采用相对误差来进行评定。相对误差是指往测与返测值之差与平均值的比,其表达采用分子为 1 的分数形式。相对误差可按下式计算:

$$\text{相对误差} \quad K = \frac{|D_{往} - D_{返}|}{\frac{1}{2}(D_{往} + D_{返})} = \frac{1}{N} \tag{2-3}$$

钢尺量距一般要求相对误差在平坦地区要达到 1/3000,在地形起伏较大地区应达到 1/2000,在困难地区不得低于 1/1000。如果丈量结果达到精度要求,取其平均值作为最后结果;如果超过允许限度,则应返工重测,直到符合要求为止。

(2)倾斜地面的距离丈量　根据地形条件,倾斜地面的距离丈量可分为平量法和斜量法。

①平量法。当地形起伏不大(尺两端的高差不大)时,可采用此法。如图 2-12 所示,将钢尺的一端对准测点,另一端抬起(尺子的高度一般不超过前、后尺手的胸高),并用垂球将尺子的端点投影到地面上,在垂球尖处插上测钎,一般后尺手将零端点对准地面点,前尺手目估尺面水平,测出各段的水平距离后,各段相加即得全线段的水平距离。采用此法量距,丈量时自上坡量至下坡为好。

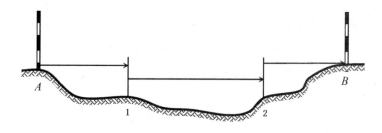

图 2-12　平量法量距

②斜量法。当倾斜地面的坡度比较均匀时,可采用此法。如图 2-13 所示,丈量时将钢尺贴在地面上量斜距 $S$。若线段距离较长,则应分段量取,最后汇总得全线段的斜距 $S$。并同时用经纬仪测得地面的倾斜角 $\alpha$,按下式将量得的斜距 $S$ 换算成平距 $D$:

$$D = S \cdot \cos\alpha \qquad (2-4)$$

为了提高测量精度,防止丈量错误,同样也采用往返丈量,满足误差要求取平均值为丈量结果。

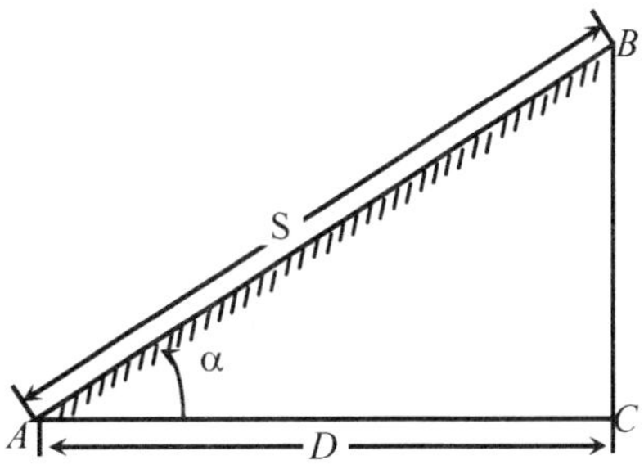

图 2-13 斜量法量距

### 三、钢尺量距的精密方法

1. 钢尺精密量距的要求

精密量距是指精度要求较高、读数为毫米的量距工作。其作业一般采用上述方法中的串尺法进行,但各步的具体要求有所不同:

(1)对于所用钢尺须有毫米分划,至少尺的零点端要有毫米分划。

(2)在使用前,须对钢尺进行检定,用弹簧秤将检定钢尺按规定的拉力拉直,得出尺长改正数;用温度计测出检定时和丈量时的尺子温度,以此计算出温度改正数;用水准测量的方法测出各尺段两端的高差,得出倾斜改正数。

(3)丈量前先用经纬仪进行直线定线工作,尺端位置一般不用测钎标记,在定线时应打下木桩,两木桩之间的距离约等于钢尺的全长,在木桩桩顶钉上小钉或刻划十字线来标定地面点的位置。

(4)为提高丈量精度,对同一尺段需改动钢尺丈量三次,改动钢尺时以不同的位置对准测点,改动范围一般不超过 10 cm。三次丈量的结果若满足限差要求(一般要求三次丈量所得的长度之差不超过 2~5 mm),取其平均值作为丈量结果,若超过限差,则应进行第四次丈量,最后取其平均值作为丈量结果。

2. 钢尺精密量距的成果计算

钢尺精密量距时,由于钢尺长度有误差并受量距时的环境影响,对量距结果应进行尺长改正、温度改正及倾斜改正,得出每尺段的水平距离,再将每尺段的距离汇总得所求直线的全长,以保证距离测量精度。

(1)尺长改正计算 设钢尺名义长度(尺面上刻划的长度)为 $l_0$,其值一般和实际长度(钢尺在标准温度、标准拉力下的长度)$l'$ 不相等,因而距离丈量时每量一段都需加入尺长改正。对任一长度为 $l$ 的尺段长时其尺长改正数 $\Delta L_l$ 为:

整尺段的尺长改正数 $\Delta L$ $\qquad \Delta L = l' - l_0 \qquad (2-5)$

长度为 $l$ 的尺长改正数 $\Delta L_l$ 
$$\Delta L_l = \frac{\Delta L}{l_0} \cdot l \qquad (2\text{-}6)$$

（2）温度改正计算　设钢尺在检定时的温度为 $t_0$，在丈量时的温度为 $t$，若钢尺的膨胀系数为 $\alpha$，其值一般为 $1.25 \times 10^{-5}/1℃$，则当丈量距离为 $l$ 时，其温度改正数为：
$$\Delta L_t = (t - t_0) \cdot \alpha \cdot l \qquad (2\text{-}7)$$

（3）倾斜改正计算　如图 2-14 所示，丈量的斜距为 $l$，测得两端点的高差为 $h$，要得到平距 $l_0$，须进行倾斜改正 $\Delta L_h$，由图可知：

$$\Delta L_h = \sqrt{l^2 - h^2} - l = l\left[\sqrt{(1 - \frac{h^2}{l^2})} - 1\right] \qquad (2\text{-}8)$$

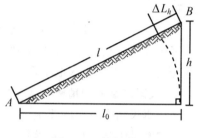

图 2-14　倾斜改正

将上式用级数展开，则变为：

$$\Delta L_h = l\left[(1 - \frac{h^2}{2l^2} - \frac{h^4}{8l^4} - \cdots) - 1\right] \qquad (2\text{-}9)$$

当坡度小于 10% 时，$h$ 与 $l$ 的比值总是很小，故 $\dfrac{h^4}{8l^2}$ 及其以后的各项都可舍去，式 (2-9) 可变为：

$$\Delta L_h = -\frac{h^2}{2l} \qquad (2\text{-}10)$$

综合上述各项改正数，得每一尺段改正后的水平距离为：

$$D = l + \Delta L_l + \Delta L_t + \Delta L_h \qquad (2\text{-}11)$$

# 第二节　视距测量

视距测量是利用望远镜内的视距装置及视距尺（或水准尺），根据几何光学和三角测量的原理，同时测定水平距离和高差的一种测量方法。在一般的测量仪器，如经纬仪、水准仪的望远镜内均有视距装置，如图 2-15 所示。在十字丝分划板上刻制上、下两根对称的两条短线，称视距丝。视距测量时根据视距丝和中横丝在视距尺或水准尺的读数来进行距离和高差的计算。这种方法具有操作方便、速度快、不受地面起伏状

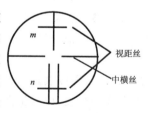

图 2-15　视距丝

况限制等优点，但也具有精度较低的缺点，一般精度只能达到 1/200～1/300，因而适用于碎部点的测定。若采用精密视距测量，也可用于图根控制点的加密。

**一、视距测量的原理**

1.视线水平时的视距测量原理及计算公式

如图 2-16 所示,图中 $D$ 为要测定的两点间的水平距离,$h$ 为两点间的高差,$A$ 点安置经纬仪,$B$ 点竖立视距尺(或水准尺)。图中 $\delta$ 为望远镜物镜中心至仪器中心(竖轴中心)的距离,$f$ 为物镜焦距,$F$ 为物镜的焦点,$i$ 为视线高(仪器高),$m$,$n$ 为十字丝分划板上的上、下丝,其间距为 $p$,$d$ 为物镜焦点至视距尺的距离,$N$,$M$ 分别是十字丝上、下丝在视距尺的上读数,其差值称为尺间隔 $l$ :

$$l = N - M \tag{2-12}$$

从图中可知,待测距离 $D$ 为:

$$D = d + f + \delta \tag{2-13}$$

式中 $f$ 和 $\delta$ 为望远镜物镜的参数,为定值。因而只需计算出 $d$ 即可得 $D$。

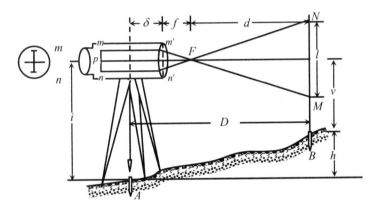

图 2-16　视线水平时的视距测量原理

从凸透镜几何成像原理和相似三角形原理可得:

因为 $\qquad\qquad\qquad\qquad \triangle NFM \backsim \triangle m'Fn'$

$$\frac{d}{l} = \frac{f}{p}$$

$$d = \frac{f}{p} \cdot l \tag{2-14}$$

将式(2-14)代入式(2-13)可得:

$$D = \frac{f}{p} \cdot l + f + \delta \tag{2-15}$$

上式中令: $\qquad \frac{f}{p} = K, \qquad\qquad f + \delta = C$

则式(2-15)可化为：

$$D = Kl + C \qquad (2\text{-}16)$$

式中 $K$ 为视距乘常数；$l$ 为尺间隔；$C$ 为视距加常数。

为计算方便，在仪器生产过程中选择合适的 $f$ 和 $p$，使得 $K = 100$，在对外调焦望远镜中，$C$ 一般为 0.3 m 左右，而在对内调焦望远镜中，经调整 $f$ 和十字丝分划板上的上、下丝等参数，使 $C$ 值一般接近于零。因此对于对内调焦望远镜其水平距离计算公式为：

$$D = Kl \qquad (2\text{-}17)$$

由图(2-16)可知，两点间的高差 $h$ 的计算公式为：

$$h = i - v \qquad (2\text{-}18)$$

式中 $i$ 为仪器高(视线高)，是地面桩点至经纬仪横轴的距离；$v$ 为中横丝在视距尺上的读数。

由此可知，当视线水平时，要测定两点间的距离和高差，只需得到上、中、下丝在视距尺上的读数和量得仪器高，即可计算出水平距离和高差。这种情况下，也可采用水准仪进行测定。

2. 视线倾斜时的视距测量原理及计算公式

当地面起伏较大时要进行视距测量，需将望远镜视线倾斜才能瞄到视距尺，如图 2-17 所示。这时要测定水平距离，需将视距尺上的尺间隔 $l$，也就是 $N$、$M$ 的读数差，换算为与视线垂直的尺间隔 $l'$，据此计算出倾斜距离 $D'$，再根据竖直角 $\alpha$ 可得到水平距离 $D$ 和高差 $h$。

在图 2-17 中，设视线竖直角为 $\alpha$，由于十字丝上、下丝的间距很小，视线夹角 $\varphi$ 约为 $34'$，因而可以将 $\angle QM'M$ 和 $\angle QN'N$ 近似看成直角。即得 $\angle MQM' = \angle NQN' = \alpha$，则在直角三角形 $\triangle MM'Q$ 和 $\triangle NN'Q$ 中易得出：

$$l' = N'Q + QM' = NQ \cdot \cos\alpha + MQ \cdot \cos\alpha = l \cdot \cos\alpha \qquad (2\text{-}19)$$

由式(2-17)和式(2-19)可得：

$$D' = Kl' = Kl\cos\alpha \qquad (2\text{-}20)$$

则由图 2-17 可知，水平距离 $D$ 的计算公式为：

$$D = D'\cos\alpha = Kl\cos^2\alpha \qquad (2\text{-}21)$$

由图中还可知两点间的高差 $h$ 为：

$$h = h' + i - v \qquad (2\text{-}22)$$

式中 $i$ 为仪器高，可直接量得，$v$ 为中横丝在视距尺上的读数，$h'$ 为初算高差，其计算式为：

$$h' = D\tan\alpha \qquad (2\text{-}23)$$

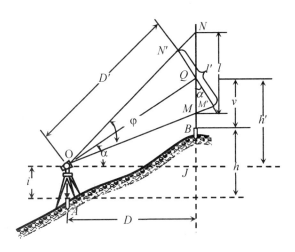

图 2-17 视线倾斜时的视距测量原理

由式(2-22)和式(2-23)可得两点间的高差 $h$ 的计算公式为：

$$h = D\tan\alpha + i - v \tag{2-24}$$

在公式应用中,需注意竖直角 $\alpha$ 的正负号,其值决定了两点间高差的正负之分。

**二、视距测量的观测与计算**

若要测定 $A$、$B$ 两点间的水平距离 $D_{AB}$ 和 $h_{AB}$ ,如图 2-17 所示,其观测步骤和计算方法如下：

1. 视距测量的观测

(1)在测站 $A$ 点上安置仪器,进行对中、整平。

(2)量取仪器高 $i$ ,可用钢卷尺或直接用视距尺量取,量至厘米,记入手簿。

(3)在 $B$ 点竖立视距尺,注意视距尺须立竖直。

(4)分别以盘左盘右位置照准某一高度,读取竖盘读数,测定竖盘的指标差。

(5)在盘左位置用望远镜瞄准视距尺,在尺面上读取视距间隔 $l$、中丝读数 $v$ 及竖盘读数 $L$,用公式 $\alpha = 90° - (L - X)$ 计算出竖直角 。

(6)由式(2-21)和式(2-24),计算出水平距离 $D$ 和高差 $h$ 。

2. 视距测量的计算

根据视距测量中水平距离计算公式(2-21)和高差计算公式(2-24),利用计算器可计算出水平距离 $D$ 和高差 $h$ 。计算方法见表 2-1。

表 2-1  视距测量记录及计算表(测定的竖盘指标差 $X=18''$)

| 测站<br>仪器高<br>（i） | 点号 | 视距间隔(l)<br>中丝读数<br>（m） | 竖盘读数<br>（°　′　″） | 竖直角<br>（°　′　″） | 水平距离<br>（m） | 高差<br>（h） |
|---|---|---|---|---|---|---|
| O<br>(1.32 m) | A | 0.378<br>0.503 | 90°05′54″ | −0°05′36″ | 37.80 | +0.755 |
| | B | 0.235<br>2.000 | 87°46′18″ | 2°14′00″ | 23.46 | +0.235 |

### 三、视距测量的误差分析及注意事项

影响视距测量精度的误差可分为以下几方面：

1. 视距乘常数 $K$ 值的误差

视距乘常数 $K$ 值由 $f$ 和 $p$ 确定,其值一般为 100,但由于视距丝间隔 $p$ 有误差存在,仪器制造有系统性误差以及温度变化的影响,都会使 $K$ 值不为 100。若仍按 $K=100$ 来进行计算,就会造成所测距离有误差。因而,在使用仪器时应对仪器的视距乘常数 $K$ 值进行检查,要求 $K$ 值应在 $100±0.1$ 之内,若满足要求使用时可按 $K=100$ 来计算,否则应该改正。

2. 读数误差

视距丝读数误差是影响视距测量精度的重要因素。它与尺子最小分划的宽度、视距的远近、望远镜的放大倍率及成像的清晰程度等有关,如距离越远误差越大,又如视距间隔有 1 mm 的差异,距离都会产生 0.1 m 的误差。因而读数时必须仔细,并须消除视差的影响,同时视距测量中要根据测图要求限制最远视距。另外可用上丝或下丝对准尺上的整分划数,用另一根视距丝估读出视距读数,以减少读数误差的影响。

3. 视距尺倾斜所引起的误差

视距尺倾斜所引起的误差与竖直角大小、视距尺倾斜的大小等因素有关,竖直角愈大,视距尺倾斜所引起的误差愈大;若竖直角相同时,视距尺倾斜愈大,误差就愈大。若当竖直角为 5°,视距尺倾斜角为 2°时,其精度可达到 1/327,当倾斜角为 3°时,其精度只能达 1/218。因此,要减少此项误差,须在视距尺上装置圆水准器,以检验视距尺是否立竖直。

4. 垂直折光对视距测量的影响

视距尺不同部分的光线是通过不同密度的空气层到达望远镜的,越接近地面的光线受折光影响越显著。其光线从直线变为曲线。经验证明,当视线接近地面在视距尺上读数时,垂直折光所引起的误差较大,并且这种误差与距离的平方成比例地增加。因

此规定视线应高出地面 1 m 左右,以减少垂直折光的影响。

5.视距尺分划误差

如分划值都增大或都减小,会对视距测量的结果产生系统误差,这种误差在仪器检测时会反应在视距乘常数 K 值上,可通过重新测定视距乘常数 K 值加以改正。如分划间隔有大有小,会对视距测量结果产生偶然误差,这种误差不能通过改正 K 值的办法来补偿,但这种误差影响较小,可以忽略不计。

6.外界条件的影响

外界条件的影响因素较多,而且也较复杂,如空气对流、风力等,它们主要使成像不稳定。减小外界条件影响的办法是根据测量的精度要求选择合适的天气和时间进行。

# 第三节 直线定向

确定地面上两点之间的相对位置,仅知道两点之间的水平距离是不够的,还必须确定此直线的方向。确定直线方向的工作,称为直线定向。要确定一条直线的方向,首先要选定一个标准方向作为直线定向的依据,如果测出了一条直线与标准方向间的水平角,则该直线的方向也就确定了。

**一、标准方向的种类**

测量工作中,通常采用的标准方向线有真子午线、磁子午线和坐标纵轴线三种。

1.真子午线方向

通过地球表面某点的真子午线的切线方向,称为该点的真子午线。它是用天文测量的方法测定,或用陀螺经纬仪测定。在国家大面积测图中采用它作为定向的基准。

2.磁子午线方向

磁子午线方向是磁针在地球磁场的作用下,磁针自由静止时其轴线所指的方向,磁子午线方向可用罗盘仪测定,在小面积测图中常采用磁子午线方向作为定向的基准。

3.坐标纵轴线方向

坐标纵轴线方向就是直角坐标系中纵坐标轴的方向。

由于地面上各点的子午线方向都是指向地球南北极,故除赤道上各点的子午线是互相平行外,其他地面上各点的子午线都不平行,这给计算工作带来不便。在一个坐标系中,坐标纵轴线方向都是平行的。在一个高斯投影带中,中央子午线为纵坐标轴,在其各处的坐标纵轴线方向都是与该投影带中央子午线相平行的,因此在一般测量工作中,采用坐标纵轴线方向作为标准方向,就可使测区内地面各点的标准方向都互相平行了。

**二、直线方向表示的方法**

表示直线方向有方位角及象限角两种。

**1. 方位角**

由标准方向的北端顺时针方向量至某一直线的水平角,称为该直线的方位角,方位角的大小应在 $0°\sim360°$ 范围内。若以真子午线方向作为标准方向所确定的方位角称为真方位角,用 $\alpha_{真}$ 表示;若以磁子午线方向作为标准方向所确定的方位角称为磁方位角,用 $\alpha_{磁}$ 表示;若以坐标纵轴线作为标准方向所确定的方位角称为坐标方位角,用 $\alpha$ 表示。

应用坐标方位角来确定直线的方向在计算上是比较方便的,因为各点的坐标纵轴线方向都是互相平行的。若直线 $AB$(由 $A$ 至 $B$ 为直线的前进方向)的方位角 $\alpha_{AB}$ 称为正坐标方位角,则直线 $BA$(由 $B$ 至 $A$ 为直线的前进方向)的方位角 $\alpha_{BA}$ 称为反坐标方位角,同一直线正、反坐标方位角相差 $180°$,如图 2-22 所示,$\alpha_{12}$ 是直线 12 的正坐标方位角,$\alpha_{21}$ 是直线 12 的反坐标方位角。即

$$\alpha_{AB} = \alpha_{BA} \pm 180° \qquad (2\text{-}25)$$

**2. 象限角**

为了更直观地表示直线所处的东南西北方位,测量工作中也常采用象限角表示直线的方向。由标准方向线的北端或南端顺时针或逆时针方向量至直线的锐角,并注出象限名称,这个锐角称为象限角。象限角在 $0°\sim90°$ 范围内,常用 $R$ 表示。图 2-18 中直线 $OA$,$OB$,$OC$ 和 $OD$ 的象限角依次为 $NER_{OA}$,$SER_{OB}$,$SWR_{OC}$ 和 $NWR_{OD}$。

坐标方位角与象限角之间的换算关系如表 2-2 所示。

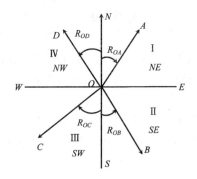

图 2-18　象限角

表 2-2　方位角与象限角的换算关系

| 直　线　方　向 | | 由象限角 $R$ 求方位 $\alpha$ | 由方位角 $\alpha$ 求象限角 $R$ |
|---|---|---|---|
| 第 I 象限 | 北偏东 | $\alpha = R$ | $R = \alpha$ |
| 第 II 象限 | 南偏东 | $\alpha = 180 - R$ | $R = 180° - \alpha$ |
| 第 III 象限 | 南偏西 | $\alpha = 180° + R$ | $R = \alpha - 180$ |
| 第 IV 象限 | 北偏西 | $\alpha = 360° - R$ | $R = 360° - \alpha$ |

### 三、几种方位角之间的关系

#### 1.真方位角与磁方位角之间的关系

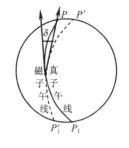

由于地磁南北极与地球南北极并不重合,因此,过地面上某点的真子午线方向与磁子午线方向通常是不重合的,两者之间的夹角称为磁偏角,如图 2-19 中的 $\delta$。磁针北端偏于真子午线以东称东偏,偏于真子午线以西称西偏。直线的真方位角与磁方位角之间可用下式进行换算。

$$\alpha_{真} = \alpha_{磁} + \delta \tag{2-26}$$

图 2-19　磁偏角示意图

式中的 $\delta$ 值,东偏时取正值,西偏时取负值。

地球上不同的地点磁偏角是不同的,我国磁偏角的变化大约在 $+6°\sim-10°$ 之间。

#### 2.真方位角与坐标方位角之间的关系

第一章已述及,中央子午线在高斯投影面上是一条直线,并作为这个带的纵坐标轴,而其他子午线投影后均为曲线,如图 2-20 所示。图中地面点 $M$、$N$ 等点的真子午线方向与中央子午线之间的夹角,称为子午线收敛角,用 $\gamma$ 表示。$\gamma$ 角有正有负,在中央子午线以东地区,各点的坐标纵轴线偏在真子午线的东边,$\gamma$ 为正值;在中央子午线以西地区,$\gamma$ 则为负值。地面上某点的子午线收敛角 $\gamma$ 可用下式计算:

$$\gamma = (L - L_0)\sin B \tag{2-27}$$

式中 $L_0$ 为中央子午线经度;$L,B$ 为某点的经度、纬度。

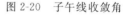

图 2-20　子午线收敛角

真方位角与坐标方位角之间的关系,如图 2-21 所示,可用下式进行换算:

$$\alpha_{12_{真}} = \alpha_{12} + \gamma \tag{2-28}$$

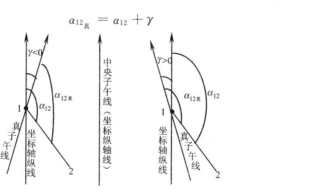

图 2-21　真方位角与坐标方位角的关系

3.坐标方位角与磁方位角的关系

若已知某点的磁偏角 δ 与子午线收敛角 γ,由(2-27)式及(2-28)式可得坐标方位角与磁方位角之间的换算关系为:

$$\alpha = \alpha_{磁} + \delta - \gamma \tag{2-29}$$

**四、方位角推算**

1.正、反坐标方位角

每条直线段都有两个端点,若直线段从起点 1 到终点 2 为直线的前进方向,则在起点 1 处的坐标方位角 $\alpha_{12}$ 称为直线 12 的正方位角,在终点 2 处的坐标方位角 $\alpha_{12}$ 称为直线 12 的反方位角。

$$\alpha_{反} = \alpha_{正} \pm 180°$$

式中当 $\alpha_{正} < 180°$ 时,上式用加 180°;当 $\alpha_{正} > 180°$ 时,上式用减 180°。

2.坐标方位角的推算

在实际工作中并不需要测定每条直线的坐标方位角,而是通过与已知坐标方位角的直线连测后,推算出各直线的坐标方位角。如图 2-22 所示,已知直线 12 的坐标方位角 $\alpha_{12}$,观测了水平角 $\beta_2$ 和 $\beta_3$,要求推算直线 23 和直线 34 的坐标方位角。

从而可归纳出推算坐标方位角的一般公式为:

$$\alpha_{前} = \alpha_{后} + 180° + \beta_{左}$$

$$\alpha_{前} = \alpha_{后} + 180° - \beta_{右}$$

如果计算的结果大于 360°,应减去 360°,为负值,则加上 360°。

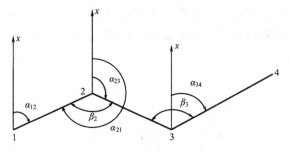

图 2-22　坐标方位角的推算

**五、罗盘仪测定磁方位角**

罗盘仪是用来测定直线磁方位角的仪器,构造简单,使用方便,广泛应用于各种勘测和精度要求不高的测量工作中。

1.罗盘仪的构造

罗盘仪主要由磁针、刻度盘和望远镜三部分组成,如图 2-23 所示。

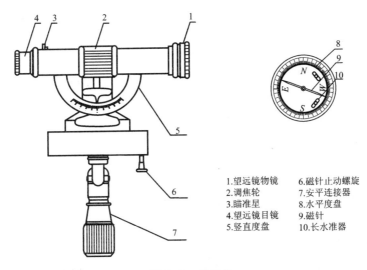

1.望远镜物镜　　6.磁针止动螺旋
2.调焦轮　　　　7.安平连接器
3.瞄准星　　　　8.水平度盘
4.望远镜目镜　　9.磁针
5.竖直度盘　　　10.长水准器

图 2-23　罗盘仪

（1）磁针　磁针为长条形磁铁，支承于刻度盘中心的顶针尖端上，可灵活转动。磁针一端绕有一铜圈，此铜圈是为了消除磁倾角而设置的。因为在北半球，地磁北极对磁针南端引力较大，而磁针是一根粗细均匀的磁铁，顶针顶于磁针的中部，地磁北极的引力就会使磁针南端向下倾斜，此时，磁针与水平线有一夹角，此夹角称为磁倾角。为了克服磁倾角，在磁针北端加一铜圈以使磁针保持平衡。铜丝还有一个作用是区分磁针的南北极，不带铜丝一端为磁针南极，它是指向地磁北极的，读方位角时就读该端所指读数。

（2）刻度盘　刻度盘从 0°按逆时针方向注记到 360°，一般刻有 1°和 30′的分划，每隔 10°有一注记。

（3）望远镜　由物镜、目镜、十字丝组成，用于瞄准目标。

除上述三部分外，还附有支撑仪器的三脚架、对点用的垂球等。

2.罗盘仪测定磁方位角

（1）将仪器搬到测线的一端，并在测线另一端插上花杆。

（2）罗盘仪的安置

①对中。将仪器装于三脚架上，并挂上锤球后，移动三脚架，使锤球尖对准测站点，此时仪器中心与地面点处于同一条铅垂线上。

②整平。松开仪器球形支柱上的螺旋，上、下俯仰度盘位置，使度盘上的两个水准气泡同时居中，旋紧螺旋，固定度盘，此时罗盘仪度盘处于水平位置。

（3）瞄准读数

①转动目镜调焦螺旋,使十字丝清晰。

②转动罗盘仪,使望远镜对准测线另一端的目标,调节对光螺旋,使目标成像清晰稳定,再转动望远镜,使十字丝对准立于测点上花杆的最底部。

③松开磁针制动螺旋,等磁针静止后,从正上方向下读取磁针指北端(磁针南端)所指的读数,即为测线的磁方位角。

④读数完毕后,旋紧磁针制动螺旋,将磁针顶起以防止磁针磨损。

## 思考练习题

1.距离丈量有哪几种方法?各自适用于什么情况?

2.距离丈量时,为什么要进行直线定线工作?直线定线有哪些方法?

3.某钢尺的名义长度为 30 m,经检验其实长为 29.997 m,检定时的温度 $t=20℃$,用该钢尺在相同拉力情况下丈量某直线距离为 120 m,丈量时的温度 $t=26℃$,两点间的高差为 0.45 m,求直线的水平距离?

4.用钢尺分别丈量了 $MN$、$AB$ 两段直线的水平距离,$MN$ 间的往测距离为 133.782 m,返测距离为 133.778 m;$AB$ 间的往测距离为 330.237 m,返测距离为 330.230 m。则这两段距离哪一段的丈量结果更为精确?为什么?

5.用钢尺往返丈量了一段直线的水平距离,其平均值为 75.235 m,要求量距的相对误差为 1/2000,则其往返丈量距离之差不能超过多少?

6.钢尺量距时可能产生哪些误差?要提高量距精度则应采取哪些措施?

7.什么叫直线定向?在直线定向中常采用的标准方向有哪些?它们之间存在什么关系?

# 第三章　水准测量

高程是确定地面点位置的一个要素,水准测量是测定地面点高程的主要方法之一。

## 第一节　水准测量原理

**一、水准测量原理**

水准测量的原理是借助水准仪提供的水平视线,配合水准尺测定地面上两点间的高差,然后根据已知点的高程来推求未知点的高程。

如图 3-1 所示,已知 $A$ 点高程为 $H_A$,要测出 $B$ 点高程 $H_B$,在 $A,B$ 两点间安置一架能提供水平视线的仪器——水准仪,并在 $A$、$B$ 两点各竖立水准尺,利用水平视线分别读出 $A$ 点尺子上的读数 $a$ 及 $B$ 点尺子上的读数 $b$,则 $A$、$B$ 两点间的高差为

$$H_{AB} = a - b \qquad (3\text{-}1)$$

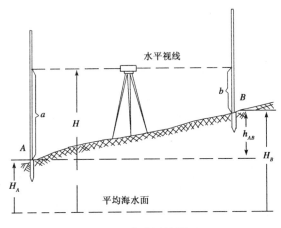

图 3-1　水准测量原理

如果测量是由 $A \rightarrow B$ 的方向前进,则 $A$ 点称为后视点,$B$ 点称为前视点,$a$,$b$ 分别为后视读数和前视读数,两点间的高差就等于后视读数减去前视读数。如果 $B$ 点高于 $A$ 点,则高差为正,反之,高差为负。

**二、计算高程的方法**

1.由高差计算高程

$B$ 点(未知点)的高程等于 $A$ 点(已知点)的高程加上两点间的高差,即

$$H_B = H_A + H_{AB} = H_A + (a - b) \qquad (3-2)$$

2.由视线高程计算高程

由图 3-1 可知,$A$ 点高程加后视读数等于仪器视线的高程,设视线高程为 $H_i$,即

$$H_i = H_A + a$$

则 $B$ 点高程等于视线高程减去前视读数,即

$$H_B = H_i - b = (H_A + a) - b \qquad (3-3)$$

# 第二节 水准仪和水准尺

**一、水准仪**

主要由望远镜、水准器及基座三个部分组成,如图 3-2。水准仪通过基座与三脚架连接,支承在三脚架上。基座上装有一个圆水准器。下面有三个脚螺旋,用以粗略整平仪器。望远镜一侧装有管状水准器,其下端装有一个能使望远镜作微小上下仰俯动作的微倾螺旋,转动微倾螺旋,管水准器随望远镜上下仰俯,当气泡居中时,望远镜中的视线便呈水平位置,以简化精密整平仪器的工作。水准仪在水平方向转动,是由一个水平制动螺旋和水平微动螺旋来控制的。

图 3-2 水准仪

1.望远镜

(1)望远镜 是用来瞄准远方目标的,主要作用是使目标成像清晰、扩大视角,以精确照准目标。

(2)构成 物镜、十字丝分划板、调焦镜、目镜等。

(3)种类 由于物镜调焦构造不同,望远镜有外对光望远镜和内对光望远镜两种。

（4）成像原理　目标通过物镜及调焦凹透镜的作用，在十字丝面上形成一个倒立的小实像，再经过目镜的放大作用，使目标的像和十字丝同时放大成虚像。

（5）放大倍率　放大的虚像的视角与用眼睛直接看到的目标大小的视角比值，用 V 表示（它是鉴别望远镜质量的主要指标，一般 18～30 倍）。

（6）对光螺旋的作用　调节物镜与目镜筒的相对位置，使物像清晰。

（7）目镜螺旋的作用　调节目镜位置，使我们能够看清十字丝。

（8）视准轴　十字丝交点和物镜光心的连线称为视准轴。

（9）视距丝　用于视距测量。

（10）水平制动及微动螺旋　在水平方向制动与微动望远镜。

（11）微倾螺旋　使望远镜上下微动。

（12）内对光望远镜的优点　内对光望远镜转动对光螺旋时，对光凹透镜前后移动，进行调焦。这种望远镜的优点是：密封性好，灰尘、潮气不易侵入；镜筒短，使用方便；对光时物镜位置不变，仪器稳定。目前测量仪器上的望远镜都是内对光式的。

2. 水准器

水准仪上的水准器是用来指示视线是否水平或竖轴是否竖直的。水准器分圆水准器和长水准管两种（见图 3-3）。

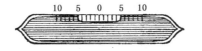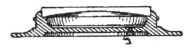

图 3-3　水准器

（1）圆水准器　一般装在基座上，作粗略整平，使竖轴竖直之用。

（2）长水准管　和望远镜连在一起，供精确调平视线之用。长水准管是把一个玻璃管的纵向内壁磨成圆弧面，内装酒精和乙醚的混合液，经加热后密封而成的，待液体冷却后形成一个气泡。气泡较轻，恒处于管的最高处。水准管圆弧的中点，称为水准管零点；过水准管零点的切线 LL 称为水准管轴。当气泡两端与零点成对称，气泡居中时，水准管轴水平。如果水准管轴与望远镜的视准轴平行，气泡居中时，视准轴就处于水平位置。

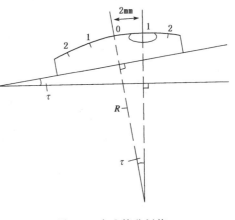

图 3-4　水准管分划值

（3）水准管分划值　水准管上一般自零点向两端每间隔 2 mm 刻有分划线，如图 3-4 所示，用以观察气泡居中。每 2 mm 弧长所对的圆心角 $\tau$ 称为水准管分划值，它是水准管性能的指标。工程上常用水准仪的水准管分划值有 $20''$，$30''$ 和 $60''$ 三种。分划值越小，水准管越灵敏，用来整平仪器的精度越高。

3.基座

基座主要由轴座、脚螺旋和连接板组成，起支承仪器上部和与三脚架连接的作用。

**二、水准尺与尺垫**

1.水准尺

水准尺是进行水准测量时用以读数的重要工具。尺长一般为 $3\sim5$ m，尺底从零开始，每隔 1 cm 涂有黑白或红白相间的分格，每分米注一数字。水准尺按尺面分为单面尺和双面尺两种；按尺形分为直尺、折尺、塔尺等三种。

（1）直尺

①黑面尺。底端起始数为 0。

②红面尺。底端起始数为 4687 mm 或 4787 mm。

直尺必须成对使用。用以检核读数。

（2）折尺　单面尺，一般长 4 m。

（3）塔尺　双面尺，一般 3 m 或 5 m，底端起始数均为 0。

2.尺垫

尺垫一般制成三角形铸铁块，中央有一突起的半圆球体。立尺前先将尺垫用脚踩实，然后竖立水准尺于半圆球体顶上，它的作用在于防止水准尺下沉及尺子转动时不改变其高程，如图 3-5 所示。

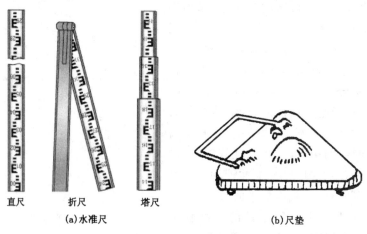

直尺　折尺　塔尺

（a）水准尺　　　　　　（b）尺垫

图 3-5　水准尺与尺垫

# 第三节 水准测量的方法

**一、一个测站的水准测量工作**

1.安置仪器

首先在 $A$、$B$ 两点上各竖立一根水准尺,然后尽可能在距两水准尺等远处设置测站。张开三脚架,使其高度适当,架头大致水平,并牢固地架设在地面上。从箱中取出仪器牢固地连接在三脚架上。

2.粗略整平

粗平的工作是通过旋转脚螺旋使圆水准器的气泡居中。

操作方法如图 3-6 所示,气泡偏离在(a)位置,先用双手按箭头所指方向相对地转动脚螺旋 1 和 2,使气泡移到图中(b)所示位置,然后再单独转动脚螺旋 3,使气泡居中。

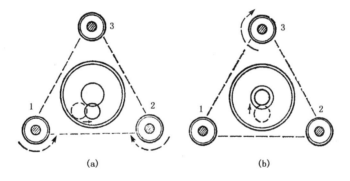

图 3-6 水准器调整(粗平)

在粗平过程中,气泡移动的方向与左手大拇指转动脚螺旋的方向一致。

3.瞄准水准尺

(1)调节目镜 根据观测者的视力,转动目镜调节螺旋,使十字丝看得十分清晰。

(2)初步瞄准 松开制动螺旋,转动望远镜,利用望远镜上的缺口和准星,瞄准水准尺,瞄准后拧紧制动螺旋。

(3)对光和瞄准 转动物镜对光螺旋,使尺面的像看得十分清楚。转动望远镜微动螺旋,使十字丝对准尺面中央。

(4)清除视差 瞄准目标时,应使尺子的像落在十字丝平面上,否则当眼睛靠近目镜上下微微晃动时,可发现十字丝横丝在水准尺上的读数也随之变动,这种现象称为十字丝视差。如图 3-7 所示,由于视差影响着读数的正确性,因此必须加以消除。消除的方法是再仔细地反复交替调节目镜和物镜对光螺旋,直至像面与十字丝面重合,使读数

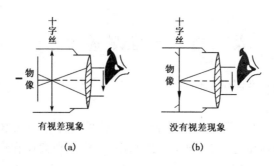

图 3-7　瞄准水准尺

不变为止。

### 4.精平与读数

望远镜瞄准水准尺后,读数前必须转动微倾螺旋,使水准管气泡居中,达到视线水平,才能读数。读数后再检查气泡是否居中,否则应重新调整,再次读数。应该注意,读完读数后,仪器转到前视方向,仍要利用微倾螺旋调整水准管气泡居中,再进行读数,如图3-8所示。若使用自动安平不准仪(见第七节),仪器无微倾螺旋,故不需要精平工作。

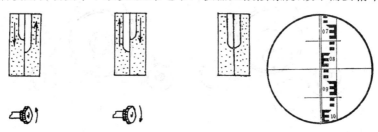

图 3-8　精平与读数

### 二、复合水准测量

若地面两点相距不远时,安置一次仪器就可以直接测定两点的高差。当地面上两点相距较远或高差较大时,安置一次仪器难以测得两点的高差,因此,必须依图 3-9 所示,在 $A$、$B$ 两点之间增设若干临时立尺点。把 $A$、$B$ 分成若干测段,逐段测出高差,最后由各段高差求和,得出 $A$、$B$ 两点间高差。

测量时,首先安置仪器于 1 点,竖立尺子于 $A$ 转 1 点上,瞄准 $A$ 点上的尺子,视线水平读取后视读数 $a_1$ 为 1.864 m,记入表 3-1 内 $A$ 点的后视读数栏内,再瞄准转1点上尺子,读取前视读数 $b_1$ 为 1.236 m,记入表 3-1 转1点的前视读数栏内,后视读数减去前视读数得 $A$、转1两点的高差为 +0.628 m,记入表 3-1 高差栏内。至此,一个测站的工作结束。转1上的尺子不动,搬仪器到第 2 测站,在 $A$ 点立尺的人,持尺前进至选定的

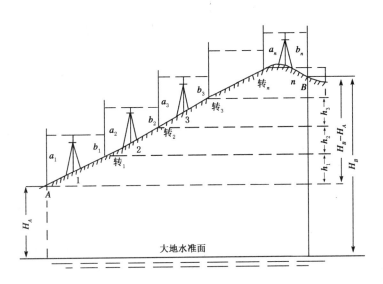

图 3-9　复合水准测量

**表 3-1　水准测量记录表**

水准测量手簿

| 测 站 | 测 点 | 水准尺读数（m） | | 高 差（m） | | 高 程（m） | 备 注 |
|---|---|---|---|---|---|---|---|
| | | 后视（a） | 前视（b） | ＋ | － | | |
| 1 | A<br>$TP_1$ | 1.864 | 1.236 | 0.628 | | 36.565 | |
| 2 | $TP_1$<br>$TP_2$ | 1.982 | 1.526 | 0.456 | | | |
| 3 | $TP_2$<br>$TP_3$ | 2.182 | 0.936 | 1.246 | 1.246 | | |
| 4 | $TP_3$<br>$TP_4$ | 2.024 | 0.725 | 1.299 | 1.299 | | |
| … | … | … | … | … | … | … | |
| n | $TP_n$<br>B | 1.468 | 2.020 | | 1.552 | | |
| 检 核 | | | | | | | |

转$_2$点,并将尺子立于转$_2$点上,继续观测、记录和计算,直至 $B$ 点。这样每安置一次仪器,就测得一个高差,即

$$h_1 = a_1 - b_1$$
$$h_2 = a_2 - b_2$$
$$\cdots\cdots\cdots$$
$$h_n = a_n - b_n$$

将各式相加,得 $A$,$B$ 两点的高差 $h_{AB}$ 为

$$h_{AB} = \sum_1^n h_i = \sum_1^n a_i - \sum_1^n b_i \qquad (3\text{-}4)$$

$B$ 点高程 $H_B$ 为

$$H_B = H_A + h_{AB} \qquad (3\text{-}5)$$

由式(3-4)、式(3-5)可以看出,$A$,$B$ 两点的高差等于中间各段高差的代数和,也等于所有后视读数之和减去所有前视读数之和,可作为每一页记录手簿的计算校核。这两个数均为 +0.909,说明计算没有错误,如果不等,则说明计算有错误,需要重算。

水准测量中的转$_1$,转$_2$,…,转$_n$ 等临时立尺点,是用来传递高程的,称为转点。在转点上不仅有前视读数,还有后视读数。一个测站工作结束后,仪器搬到下一测站,转点的位置丝毫不能动,否则就不能传递高程,因此,转点上应使用尺垫,以防止尺子下沉及转动时改变高度。

# 第四节　水准测量的校核方法

**一、水准测量的精度要求**

不同等级的水准测量有不同的精度要求,对于普通水准测量的规定是:

$$F_{h允} = \pm 40 \sqrt{n} \text{ mm 或} \pm 40 \sqrt{L} \text{ mm}$$

式中 $L$ 为水准路线的长度,以 km 计;$n$ 为测站数。

**二、水准测量的校核方法**

水准测量的校核方法可分为测站校核和路线校核。

1. 测站校核

对每一测站的高差进行校核,称为测站校核,其方法有:

(1)双仪高法　在每一测站上测出高差后,在原地改变仪器的高度,重新安置仪器,再测一次高差,如图 3-10 所示。如果两次测得的高差之差在限差之内,则取其平均数作为这一测站的高差结果,否则需要重测。在普通水准测量中,该限差规定为 ±10 mm。

（2）双仪器法　在两测点之间同时安置两台仪器,分别测得两点的高差进行比较,结果处理方法同上。

（3）双面尺法　测时不改变仪器高度,采用双面尺的红、黑两面两次测量高差,以黑面高差为准,红面高差与黑面高差比较,若红面高差比黑面高差大,则先将红面高差减去 100 mm,再与黑面高差比较,误差在 ±10 mm 以内取平均值,反之,将红面高差加上 100 mm,再与黑面高差比较,误差在 ±10 mm 以内取平均值。

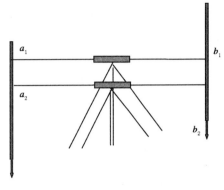

图 3-10　测站校核

2. 水准路线校核

（1）附合水准路线　如图 3-11 所示,欲测定 1,2,3,4 等点高程,选定水准路线由已知水准点 $BM_1$ 开始,顺序施测各点高差,最后又由 4 点测到另一已知水准点 $BM_2$ 形成附合水准路线。各测段得的高差总和 $\sum h$ 应与已知水准点高程之差（$H_{BM_2} - H_{BM_1}$）相等。由于测量误差的存在,二者不相等,产生差值 $f_h$,称为高差闭合差。它的计算公式为

$$f_h = \sum h_测 - (H_终 - H_始) \tag{3-6}$$

式中 $H_终$、$H_始$ 为起始和终了水准点的高程。

图 3-11　附合水准路线

普通水准测量高差闭合差的允许值为

$$f_{h允} = \pm 12\sqrt{n}\ \text{mm} \ 或 \ \pm 40\sqrt{L}\ \text{mm} \tag{3-7}$$

式中 L 为水准路线的长度,以 km 计;n 为测站数。

上式中,前者用于山地,后者用于平坦地区。如果高差闭合差超过允许值,即 $f_h > f_{h允}$,则测量成果不能应用,必须重测。

（2）闭合水准路线　从一个已知水准点 $BM_1$ 开始,测定 1,2,3 等点的高差,最后回到 $BM_1$ 点,形成一个闭合水准路线。如图 3-12 所示。此时,高差代数和在理论上应等于零,即 $\sum h_理 = 0$。

由于测量误差的存在，$\sum h_测 \neq 0$，则闭合水准路线的高差闭合差 $f_h$ 为

$$f_h = \sum h_测 \qquad (3\text{-}8)$$

同样，要求 $f_h \leq f_{h_允}$，否则应重测。闭合水准路线的 $f_{h_允}$ 与附合水准路线相同。

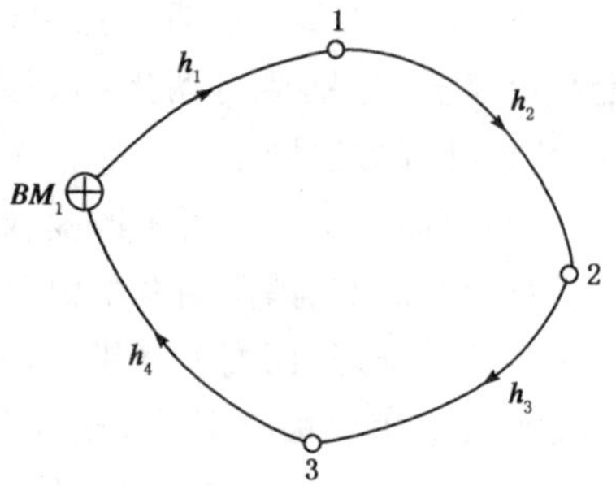

（3）支水准路线　由已知水准点开始，测定 1，2，3 等点间的高差，没有条件附合到另一水准点或回到已知水准点，这种路线叫做支水准线。如图 3-13 所示。支水准路线必须沿同一路线进行往测和返测，往、返测的高差绝对值应相等，而符号相反。如不相等，便产生了闭合差，即

$$f_h = H_往 + H_返 \qquad (3\text{-}9)$$

往返测高差闭合差的允许值与附合水准路线相同，而测站数 $n$ 或路线长 $L$ 以单程计。

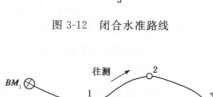

图 3-12　闭合水准路线

图 3-13　支水准路线

**二、水准路线高差闭合差的调整和高程计算**

如果水准路线的高差闭合差在允许范围之内，即可进行闭合差的调整和高程计算。

1. 高差闭合差的计算

应用式（3-7）及式（3-8）得

$$f_h = \sum h_测 - (H_终 - H_始) = +3.528 - (25.006 - 21.453) = -0.025 \text{ m}$$

$$f_{h_允} = \pm 40\sqrt{n} \text{ mm 或} \pm 40\sqrt{L} \text{ mm}, \quad f_h \leq f_{h_允}, \text{可以调整}。$$

2. 高差闭合差的调整

在同一条水准路线上，认为各测站条件大致相同，各测站产生的误差是相等的，因此在调整闭合差时，应将闭合差以相反符号，按测站数（或距离）成正比例地分配到各测段的实测高差中，即某测段高差改正数 $= -\left[\dfrac{f_h}{\sum n} \times n_i\right]$，某测段高差改正数 $= -\left[\dfrac{f_h}{\sum L} \times Li\right]$。

3. 各点高程的计算

根据改正后的高差，由起始点 $BM_1$ 的高程逐一推算出其他各点的高程，如计算无误，则最后推算得的 $BM_2$ 高程应与已知高程相等。

闭合水准路线的高程计算与附合水准路线相同。支水准路线采用往返测，每一测

段的高差取往返测的平均值,符号与往测符号相同即可。

# 第五节 水准仪的检验与校正

水准仪(见图 3-14)在检验、校正其几何条件之前,应先做一般性检查,其内容包括:望远镜成像是否清晰,物镜和目镜对光螺旋转动是否灵活,制动螺旋是否有效,脚螺旋转动是否自如,架腿固紧螺旋和架头连接螺旋是否可靠,架头有无松动现象等。凡存在影响水准仪使用的故障必须及时修理、排除。

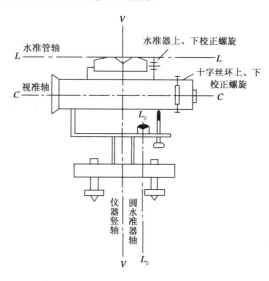

图 3-14 水准仪

水准仪各轴线之间应满足以下几何条件:

(1)水准管轴应平行于视准轴;

(2)圆水准器轴应平行于竖轴;

(3)十字丝横丝应垂直于竖轴。

这些条件在仪器出厂时是满足的,由于长期使用以及受搬运中震动等影响,各轴线之间的几何关系会发生变化。因此,在每次使用前对仪器应进行检验和校正。现将其各项检验与校正方法按先后顺序分述如下。

**一、圆水准器的检验与校正**

1.检校目的

使圆水准器轴 $L_0L_0$ 平行于仪器竖轴 $VV$。

2.检验方法

将仪器安置于脚架上,转动脚螺旋使圆水准器气泡居中,然后将望远镜在水平方向旋转 180°,此时,若气泡不居中,偏于一边,说明 $L_0 L_0$ 不平行于仪器竖轴 $VV$,需要校正。

3. 校正方法

转动脚螺旋使气泡向中间移动偏离量的一半,如图 3-15(c)所示;然后,用校正针拨动圆水准器底下的三个校正螺旋,使气泡达到如图中完全居中的位置,见图 3-15(d)。检验和校正应反复进行,直至仪器转至任何位置气泡始终居中为止,此时,$L_0 L_0 /\!/ VV$ 的条件得到满足。

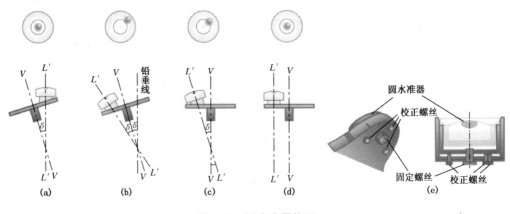

图 3-15    圆水准器校正

## 二、望远镜十字丝横丝的检验与校正

1. 检验目的

使十字丝横丝垂直于仪器的竖轴,即当仪器竖轴处于铅垂位置时,横丝应在水平位置。

2. 检验方法

整平仪器后,用横丝的一端瞄准墙上一固定点,如图 3-16,转动水平微动螺旋,如果点子离开横丝,表示横丝不水平,需要校正;如果点子始终在横丝上移动,则表示横丝水平。

检验时也可用挂垂球的方法:观察十字丝竖丝是否与垂球线重合,如重合说明横丝水平,如图 3-16 所示。

3. 校正方法

由于十字丝装置的形式不同,校正方法也有所不同,如图 3-16(e),一般需要卸下目镜处的外罩,用螺丝刀松开 4 个十字丝的固定螺丝,然后拨正十字丝环。最后再旋紧校正螺丝,此项检校也需反复进行,直到条件满足为止。

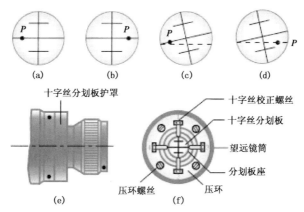

图 3-16　望远镜十字丝横丝的校正

### 三、长水准管的检验与校正

1. 检验目的

使长水准管轴平行于视准轴。

2. 检验方法

选取相距约 $60 \sim 80$ m 的 $A,B$ 两点,各打一木桩,竖立水准尺,先将水准仪安置在离两点等距离处,如图 3-17 所示。若水准管轴不平行于视准轴,其夹角为 $i$,此时,因水

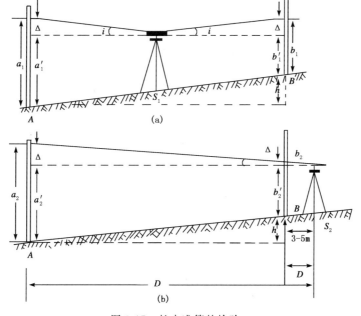

图 3-17　长水准管的检验

准仪在两点中央,故两尺上产生的读数误差均为 $\Delta$。设 $A$、$B$ 两尺上的读数分别为 $a_1$ 和 $b_1$,因 $a_1 = a'_1 + \Delta$,$b_1 = b'_1 + \Delta$,则

$$a_1 - b_1 = (a'_1 + \Delta) - (b'_1 + \Delta) = a'_1 - b'_1 = h_{AB}$$

这说明仪器本身虽有误差,但只要将仪器安置在距两尺等距离处,所测得的两点的高差就是正确的。转动微倾水准仪搬到离 $B$ 点约 $3\sim5$ m 处,先读取近尺读数 $b_2$,设为 $1.452$ m,由于仪器距 $B$ 点很近,可将 $b_2$ 近似地看作视线水平时的读数 $b'_2$,由此计算出视线水平时远尺读数 $a'_2 = b'_2 + h_{AB} = 1.452 + 0.325 = 1.777$ m。如果远尺的实际读数不是 $a'_2$,而是 $a_2$,设为 $1.797$ m,比 $a'_2$ 大 $0.020$ m,说明水准管轴不平行于视准轴,且视准轴向上倾斜,需要校正。

3.校正方法

转动微倾螺旋,使远尺读数从 $a_2 = 1.797$ m 改变成 $1.777$ m。此时视准轴水平了,但气泡不居中了。拨动水准管一端的上、下两个校正螺丝,先松后紧,使水准管气泡居中,此时水准管轴也在水平位置,于是水准管与视准轴就平行了。如图 3-18 所示。此项工作要反复进行几次,直至检验远尺的读数与计算值之差不大于 $3\sim5$ mm 为止。

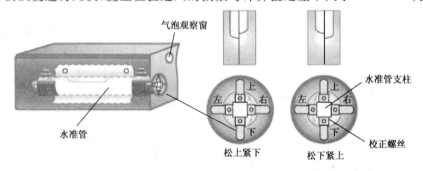

图 3-18　长水准管的校正

# 第六节　水准测量的误差及注意事项

**一、水准测量的误差**

1.仪器工具误差

(1)仪器误差　仪器误差主要是指水准管轴不平行于视准轴的误差。仪器虽经检验与校正,但不可能校正得十分完善,总会留下一定的残余误差。这项误差具有系统性,在水准测量时,只要将仪器安置在距前、后视距尺距离相等的位置,就可消除该项误差对高差测量所产生的影响。

(2)水准尺误差　由于水准尺的长度不准、尺底零点和尺面刻划有误差及尺子弯曲

变形等原因,都会给水准测量读数带来误差,因此,事先都必须对所用水准尺逐项进行检定,符合要求方可使用。

2.操作误差

(1)整平误差 水准测量是利用水平视线来测定高差的,而影响视线水平的原因有二:一是水准管气泡居中误差,二是水准管气泡未居中误差。

(2)读数误差 读数误差与望远镜的放大倍率、观测者的视觉能力、仪器距尺子的距离等因素有关。

(3)视差误差 在水准测量中,视差的影响会给观测结果带来较大的误差,因此,在观测前必须反复调节目镜和物镜对光螺旋,以消除视差。

3.外界条件的影响

(1)水准仪下沉误差 由于水准仪下沉,使视线降低而引起高差误差。如采用"后一前一前一后"的观测程序,可减弱其影响。

(2)尺垫下沉误差 如果在转点发生尺垫下沉,将使下一站的后视读数增加,也将引起高差的误差。采用往返观测的方法,取成果的中数,可减弱其影响。为了防止水准仪和尺垫下沉,测站和转点应选在土质实处,并踩实三脚架和尺垫,使其稳定。

(3)水准尺倾斜 水准尺倾斜会导致读数变大,因此在观测时尽量保持水准尺直立。

(4)地球曲率及大气折光的影响 由于大气折光的影响,视线是一条曲线,在水准尺上的读数分别为 $a,b$。$a,a''$ 之差与 $b,b''$ 之差,就是大气折光对读数的影响,用 $r$ 表示。

(5)温度的影响误差 温度的变化不仅会引起大气折光的变化,而且当烈日照射水准管时,由于水准管本身和管内液体温度的升高,气泡向着温度高的方向移动,从而影响了水准管轴的水平,产生了气泡居中误差。所以,测量中应随时注意为仪器打伞遮阳。

**二、水准测量注意事项**

(1)水准测量过程中应尽量用目估或步测保持前、后视距基本相等,用以消除或减弱水准管轴不平行致使视准轴所产生的误差,同时选择适当的观测时间,限制视线长度和高度来减少折光的影响。

(2)仪器脚架要踩牢,观测速度要快,以减少仪器下沉的影响。转点处要用尺垫,取往、返观测结果的平均值来抵消转点下沉的影响。

(3)估读要准确,读数时要仔细对光,消除视差,必须使水准管气泡居中,读完以后,再检查气泡是否居中。

(4)检查塔尺相接处是否严密,消除尺底泥土。扶尺者要身体站正,双手扶尺,保证扶尺竖直。为了消除两尺零点不一致对观测成果的影响,应在起、终点上用同一标尺。

（5）记录要原始，当场填写清楚，在记错或算错时，应在错字上划一斜线，将正确数字写在错字上方。

（6）读数时，记录员要复读，以便核对，并应按记录格式填写，字迹要整齐、清楚、端正，所有计算成果必须经校核后才能使用。

（7）观测时如果阳光较强要撑伞，给仪器遮太阳。

（8）测量者要严格执行操作规程，工作要细心，加强校对，防止错误。

# 第七节　各种水准仪简介

常用的水准仪种类很多，这里主要介绍自动安平水准仪、精密水准仪和电子水准仪三种。

## 一、自动安平水准仪

自动安平水准仪是利用安装在望远镜内的自动补偿器自动获得水平视线的一种水准仪（图 3-19）。

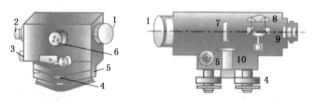

图 3-19　DSZ3 型自动安平水准仪的外形和结构示意图

### 1. 自动安平水准仪的原理

设仪器的视准轴水平时（图 3-20），水平视线进入望远镜到达十字丝交点所在位置 $K'$，得到标尺正确的读数 $a_0$。当视线倾斜一个小的 $\alpha$ 角后，十字丝交点亦随之移动距离 $d$ 至 $K$ 处，装置补偿器的作用就是使进入望远镜的水平光线经过补偿器后偏转一个

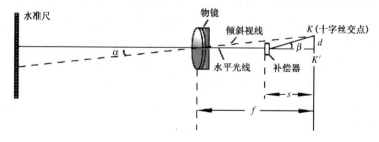

图 3-20　自动安平水准仪的原理

$\beta$角,恰好通过十字丝交点$K$,即在十字丝交点处仍然能读到正确的读数。由此可知,补偿器的作用就是使水平光线经过补偿器发生偏转,而偏转角的大小,刚好能够补偿视线倾斜所引起的读数偏差。

2.自动安平水准仪的使用

使用自动安平水准仪进行水准测量时,先用脚螺旋使圆水准气泡居中,再用望远镜照准水准尺,即可读数。

有的仪器装有揿钮,具有检查补偿器功能是否正常的作用。按下揿钮,轻触补偿器,待补偿器稳定后,看标尺读数有无变化。如无变化,说明补偿器正常。若无揿钮装置,可稍微转动脚螺旋,如标尺读数无变化,同样说明补偿器作用正常。

此外,在使用仪器前,还应重视对圆水准器的检验校正,因为补偿器的补偿功能有一定限度。若圆水准器不正常,致使气泡居中时,仪器竖轴仍然偏斜,当偏斜角超过补偿功能允许的范围时,将使补偿器失去补偿作用。

## 二、精密水准仪(每公里往返平均高差的中误差为 1 mm)

1.精密水准仪(图 3-21)

提供精确的水平视线和精确读数。

2.精密水准尺(图 3-22)

刻度精确(铟钢带水准尺)。

3.读数方法

(1)精平后,转动测微螺旋,使十字丝的楔形丝精确夹准某一整分划线。

(2)读数时,将整分划值和测微器中的读数合起来。如:14865.0mm。

图 3-21　精密水准仪

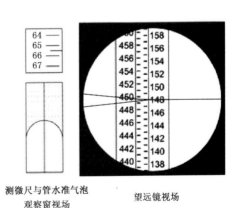

测微尺与管水准气泡
观察窗视场　　　　望远镜视场

图 3-22　精密水准尺

### 三、电子水准仪及条纹码水准尺

电子水准仪是一种新型的电子智能化水准仪。它具有自动安平、显示读数和视距功能。它能与计算机数据通讯,避免了人为观测误差。其望远镜中装置了一个由光敏二极管构成的行阵探测器。与之配套的水准尺为铟钢三段插接式双面分划尺,每段长 1.35 m,总长 4.05 m,两面刻划分别为二进制条形码和厘米分划。条形码供电子水准仪电子扫描用,厘米分划仍用于光学水准仪的观测读数。电子水准仪观测时,行阵探测器将水准尺上的条形码图像用电信号传送给微处理机,经处理后即可得到水准尺上的水平读数和仪器至标尺的水平距离,并以数字形式显示于窗口或存储在计算机中。同时,仪器也装有自动安平装置,具有自动安平功能。图 3-23 为电子水准仪外型,图 3-24 为水准尺的条形编码示意图。

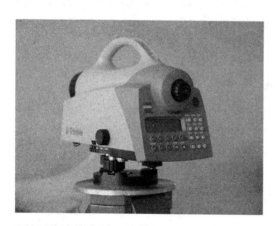 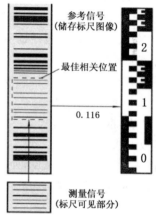

图 3-23  电子水准仪　　　　图 3-24  水准尺的条形编码

电子水准仪一般每千米往返观测高差的中误差为 ±0.3～1.0 mm;测距精度为 $0.5 \times 10^{-6} \sim 1.0 \times 10^{-6}$;测程长为 1.5～100 m。电子水准仪使用时均有菜单提示,具有速度快、精度高、数据客观、使用方便等优点,有利于实现水准测量的自动化和科学化,适用于高等级的快速水准测量、大型工程的自动沉降观测及特种精密工业测量。

## 思考练习题

1.设 $A$ 为后视点,$B$ 为前视点,$A$ 点的高程是 20.123 m.当后视读数为 1.456 m,前视读数为 1.579 m 时,问 $A,B$ 两点的高差是多少? $B,A$ 两点的高差又是多少?绘图说明 $B$ 点比 $A$ 点高还是低? $B$ 点的高程是多少?

2.何为视准轴？何为视差？产生视差的原因是什么？怎样消除视差？

3.水准仪上圆水准器与管水准器的作用有何不同？何为水准器分划值？

4.转点在水准测量中起到什么作用？

5.水准仪有哪些主要轴线？它们之间应满足什么条件？什么是主条件？为什么？

6.水准测量时要求选择一定的路线进行施测,其目的何在？

7.水准测量时,前、后视距相等可消除哪些误差？

8.试述水准测量中的计算校核方法。

9.水准测量中的测站检核有哪几种？如何进行？

10.数字水准仪主要有哪些特点？

11.将下图中的水准测量数据填入表中,$A$、$B$ 两点为已知高程点 $H_A = 23.456$ m,$H_B = 25.080$ m,计算并调整高差闭合差,最后求出各点高程。

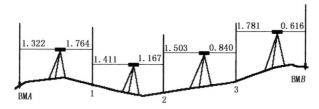

| 测站 | 测点 | 水准尺读数 | | 实测高差 | 高差改正数 | 改正后高差 | 高程 |
|------|------|------|------|------|------|------|------|
| | | 后视($a$) | 前视($b$) | （m） | （mm） | （m） | （m） |
| Ⅰ | BMA | | | | | | |
| | 1 | | | | | | |
| Ⅱ | 1 | | | | | | |
| | 2 | | | | | | |
| Ⅲ | 2 | | | | | | |
| | 3 | | | | | | |
| Ⅳ | 3 | | | | | | |
| | BMB | | | | | | |
| 计算检核 | $\Sigma$ | | | | | | |

12.设 $A$,$B$ 两点相距 80 m,水准仪安置于中点 $C$,测得 $A$ 尺上的读数 $a_1$ 为 1.321 m,$B$ 尺上的读数 $b_1$ 为 1.117 m,仪器搬到 $B$ 点附近,又测得 $B$ 尺上读数 $b_2$ 为 1.466 m,$A$ 尺读数 $a_2$ 为 1.695 m。试问水准管轴是否平行于视准轴？如不平行,应如何校正？

13.试分析水准尺倾斜误差对水准尺读数的影响,并推导出其计算公式。

14.调整如下图所示的闭合水准测量路线的观测成果,并求出各点高程,$H_I$ = 48.966 m。

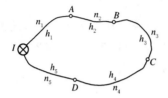

$h_1$=+1.224m    $n_1$=10站
$h_2$=-1.424m    $n_2$=8站
$h_3$=+1.781m    $n_3$=8站
$h_4$=-1.714m    $n_4$=11站
$h_5$=+0.108m    $n_5$=12站

# 第四章　角度测量

## 第一节　水平角测量原理

### 一、水平角的概念

水平角是地面上一点到两目标的方向线垂直投影在水平面上的夹角,用 $\beta$ 来表示,其角值范围为 $0°\sim360°$。

### 二、水平角测角原理

如图 4-1 所示,$O'A'$ 和 $O'B'$ 在水平度盘上总有相应读数 $a$ 和 $b$,则水平角为:

$$\beta=b-a$$

用经纬仪测水平角的原理:经纬仪必须具备一个水平度盘及用于照准目标的望远镜测水平角时,要求水平度盘能放置水平,且水平度盘的中心位于水平角顶点的铅垂线上,望远镜不仅可以水平转动,而且能俯仰转动来瞄准不同方向和不同高低的目标,同时保证俯仰转动时望远镜视准轴扫过一个竖直面。

## 第二节　光学经纬仪

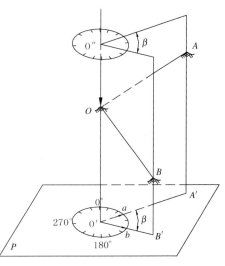

图 4-1　水平角测角原理

经纬仪是测量角度的仪器。按其精度划分,有 DJ6 和 DJ2 两种,它们表示一测回方向观测中误差分别为 $6''$ 和 $2''$。

### 一、DJ6 级光学经纬仪

各种光学经纬仪的组成基本相同,其构造主要由照准部、水平度盘和基座三部分组成。

1. 照准部

照准部是经纬仪上部可以旋转的部分,主要有竖轴、望远镜、竖直度盘、水准管、读数系统及光学对中器等部件。竖轴是照准部的旋转轴。由旋转照准部和望远镜可以照

51

图 4-2　DJ6 级光学经纬仪

准任意方向、不同高度的目标;竖直度盘用于测量竖直角;照准部水准管用于整平仪器。读数系统由一系列光学棱镜组成,用于对同时显示在读数窗中的水平度盘和竖直度盘影像进行读数。光学对中器则用于安置仪器使其中心和测站点位于同一铅垂线上。

2.水平度盘

水平度盘是一个光学玻璃圆环,其上顺时针刻有 0°～360° 的刻划线,用于测量水平角。当照准部转动时,水平度盘固定不动,但可通过旋转水平度盘变换手轮使其改变到所需要的位置。

3.基座

基座对照准部和水平度盘起支撑作用,并通过中心连接螺旋将经纬仪固定在脚架上。基座上有三个脚螺旋,用于整平仪器。

**二、DJ6 型光学经纬仪的读数装置和读数方法**

DJ6 型光学经纬仪常用两种方式:分微尺、单平板玻璃测微器和度盘对径分划重合读数。

1.分微尺测微器的读数方法(如图 4-3)

DJ6 型光学经纬仪采用分微尺读数法。水平度盘和竖直度盘的格值都是 1°,而分微尺的整个测程正好与度盘分划的一个格值相等,又分为 60 小格,每小格 1′,估读至 0.1′。读数时,首先读取分微尺所夹的度盘分划线之度数,再依该度盘分划线在分微尺上所指的小 1° 的分数,二者相加,即得到完整的读数。如图 4-3 所示,读数窗中上方 H 为水平度盘影像,读数为 112°54′00″;读数窗中下方 V 为竖直度盘影像,读数为 89°06′18″。

2.单平板玻璃测微器的读数方法(如图 4-4)

望远镜瞄准目标后,先转动测微轮,使度盘上某一分划精确移至双指标线的中央,读取该分划的度盘读数,再在测微尺上根据单指标线读取 30′ 以下的分、秒数,两数相加,即得完整的度盘读数。

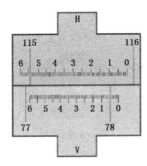

图 4-3　分微尺测微器的读数方法

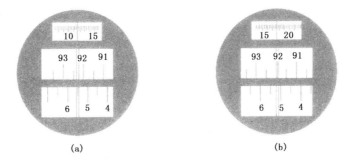

图 4-4　单平板玻璃测微器的读数方法

### 三、DJ2 型光学经纬仪简介

1.特点(相对于 DJ6)

(1)在结构上除望远镜的放大倍数较大,照准部水准管的灵敏度较高。

(2)读数设备及读数方法不同。

(3)在 DJ2 型光学经纬仪读数显微镜中,只能看到水平度盘和竖直度盘中的一种影像,如果要读另一种,就要转动换像手轮,使读数显微镜中出现需要读数的度盘影像。

2.读数方法

(1)大窗为度盘的影像　如图 4-5(c),先转动测微轮,使正、倒像的分划线精确重合,然后找出邻近的正、倒像相差 180° 的分划线,并注意正像应在左侧,倒像应在右侧,此时便可读出度盘的度数,再数出正像的分划线与倒像的分划线之间的格数,乘以度盘分划值的一半;最后从左边小窗中的测微尺上读取不足 10′ 的分数和秒数,其中分数和

10′数根据单指标线的位置和注记数字直接读出,估读到 0.1″。

(2)采用了数字化读数 如图 4-5(a),左侧小窗为测微窗,读数方法完全同第一种;右下侧小窗为度盘对径分划线重合后的影像,没有注记,但在读数时必须转动测微轮使上下线精确重合才可以读数;图 4-5(b)上面的小窗为度盘对径分划线重合后的影像,中间小窗中▽所对应的读数+下面小窗测微尺上读数=度盘读数。

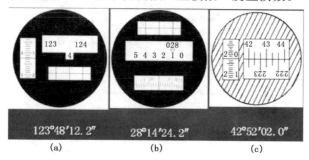

图 4-5 DJ2 级光学经纬仪读数方法

**四、电子经纬仪简介**

主要特点是:采用电子测角系统,实现了测角自动化、数字化,能将测量结果自动显示出来,减轻了劳动强度,提高了工作效率。可与光电测距仪组合成全站型电子速测仪,配合适当的接口可将观测的数据输入计算机,实现数据处理和绘图自动化。

# 第三节 经纬仪的使用

在测站上安置经纬仪进行角度测量时,其使用分为对中、整平、照准、读数等四个步骤。

**一、对中**

对中就是利用垂球或光学对点器使仪器中心和测站点标志位于同一条铅垂线上。仪器对中误差一般不应超过 2 mm。

**二、整平**

整平就是通过脚螺旋调节水准管气泡使仪器竖轴处于铅垂位置,水平度盘和横轴处于水平位置,竖直度盘位于铅垂面内。仪器整平误差一般不应使气泡偏离中心超过 1 格(图 4-6)。

**三、照准**

转动照准部,用望远镜瞄准目标,旋转对光螺旋,使目标影像清晰。测量水平角时,使十字丝竖丝单丝与较细的目标精确重合(图 4-7(a)),或双丝将较粗的目标夹在中央

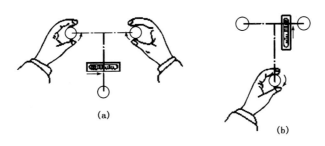

图 4-6　经纬仪整平

（图 4-7（b））；测量竖直角时应以中横丝与目标的顶部标志相切（图 4-7（c））。

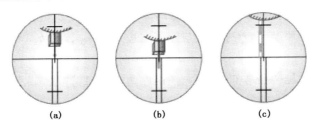

图 4-7　经纬仪照准

**四、读数**

　　调节反光镜的角度，旋转读数显微镜调焦螺旋，使读数窗影像明亮而清晰，按上述经纬仪的读数方法，对水平度盘或竖直度盘进行读数。在对竖直度盘读数前，应旋转指标水准管微动螺旋，使竖盘指标水准管气泡居中。

# 第四节　水平角测量

　　观测方法包括测回法（两个方向所构成的角度）和方向观测法（三个方向以上所构成角度的观测）。

　　**一、测回法（如图 4-8）**

　　1. 准备工作

　　（1）首先将经纬仪安置于所测角的顶点 $O$ 上，进行对中和整平。

　　（2）在 $A$、$B$ 两点树立标杆或测钎等标志，作为照准标志。

　　2. 盘左位置

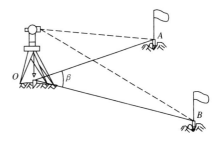

图 4-8　测回法

55

首先将仪器置于盘左位置(竖盘位于望远镜的左侧),完成以下工作:

(1)顺时针方向旋转照准部,首先调焦与照准起始目标(即角的左边目标)$A$,读取水平度盘读数 $a_左$,设为 $0°00'30''$,记入表 4-1 中。

(2)继续顺时针旋转照准部,调焦与照准右边目标 $B$,读数 $b_左$,设为 $92°19'42''$,记入表 4-1 中。

(3)计算盘左位置的水平角 $\beta_左$:

$$\beta_左 = b_左 - a_左 = 92°19'42'' - 0°00'30'' = 92°19'12''$$

以上完成了上半测回工作,$\beta_左$ 即上半测回角值。

3.盘右位置

倒转望远镜成盘右位置,完成以下工作:

(1)逆时针旋转照准部,首先调焦与照准右边目标 $B$,读数 $b_右$,设为 $272°20'12''$,记入表 4-1 中。

(2)继续逆时针旋转照准部,调焦与照准左边目标 $A$,读数 $a_右$,设为 $180°00'42''$,记入表 4-1 中。

(3)计算盘右位置的水平角 $\beta_右$:

$$\beta_右 = b_右 - a_右 = 272°20'12'' - 180°00'42'' = 92°19'30''$$

**表 4-1　测回法相关数据**

| 测站 | 竖盘位置 | 目标 | 水平度盘读数 (° ′ ″) | 半测回角值 (° ′ ″) | 一测回角值 (° ′ ″) | 各测回平均值 (° ′ ″) | 备注 |
|---|---|---|---|---|---|---|---|
| 第一测回 O | 左 | A | 0　00　30 | 92　19　12 | 92　19　21 | 92　19　24 | |
| | | B | 92　19　42 | | | | |
| | 右 | A | 180　00　42 | 92　19　30 | | | |
| | | B | 272　20　12 | | | | |
| 第二测回 O | 左 | A | 90　00　06 | 92　19　24 | 92　19　27 | | |
| | | B | 182　19　30 | | | | |
| | 右 | A | 270　00　06 | 92　19　30 | | | |
| | | B | 2　19　36 | | | | |

以上便完成了下半测回工作,$\beta_右$ 即下半测回角值。

4.计算一测回角值

上、下两个半测回称为一测回。对于 DJ6 型光学经纬仪来说,当上、下半测回角值之差为：

$$\Delta\beta = \beta_左 - \beta_右 = 92°19'12'' - 92°19'30'' = -18'' \leqslant \pm 40''$$

取其平均值作为一测回角值，即

$$\beta = 1/2(\beta_左 + \beta_右) = 92°19'21''$$

　　为了提高测角精度，对角度需要观测多个测回，此时各测回应根据测回数 $n$，按 $180°/n$ 的原则改变起始水平度盘位置，即配度盘。各测回值互差若不超过 $40''$（对于 J6 级），取各测回角值的平均值作为最后角值。

**二、方向观测法**

1.观测方法

　　(1)如图 4-9，安置仪器于测站 $O$ 点（包括对中和整平），树立标志于所有目标点，如 $A,B,C,D$ 四点，选定起始方向（又称零方向）如 $A$ 点。

　　(2)盘左位置，顺时针方向旋转照准部依次照准目标 $A,B,C,D,A$，分别读取水平度盘读数，并依次记入表 4-2。其中两次照准 $A$ 目标是为了检查水平度盘位置在观测过程中是否发生变动，称为归零，其两次读数之差，称为半测回归零差，其限差要求为：DJ6 级经纬仪不得超过 $18''$，DJ2 级经纬仪不得超过 $8''$。计算中注意检核。

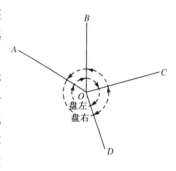

图 4-9　方向观测法示意图

　　以上称为上半测回。

　　(3)盘右位置，倒转望远镜成盘右位置，逆时针方向旋转照准部依次照准目标 $A$, $D,C,B,A$，分别读取水平度盘读数，并依次记入表 4-2，称为下半测回。同样注意检核归零差。

　　这样就完成了一测回。如果为了提高精度需要测 $n$ 个测回时，仍然需要配度盘，即每个测回的起始目标读数按 $180/n$ 的原则进行配置。

2.计算方法

　　(1)计算二倍视准轴误差 $2c$ 值　同一方向，盘左和盘右读数之差，即 $2c$ ＝盘左读数－(盘右读数 $\pm180°$)。

　　同一测回各方向 $2c$ 互差：对于 DJ2 型经纬仪不应超过 $\pm13''$。DJ6 经纬仪一般没有 $2c$ 互差的规定。

　　(2)计算各方向的平均值。

　　(3)计算归零后的方向值。

　　(4)计算各测回归零后方向值的平均值。

表 4-2　竖直角观测手簿

| 测站 | 目标 | 竖盘位置 | 竖盘读数 | 半测回竖直角 | 指标差 | 一测回竖直角 | 备注 |
|---|---|---|---|---|---|---|---|
| 1 | 2 | 3 | 4 | 5 · | 6 | 7 | 8 |
| O | A | 左 | 93°22′06″ | −3° 22′ 06″ | −21″ | −3° 22′27″ | |
| | | 右 | 266°37′12″ | −3° 22′ 48″ | | | |
| O | B | 左 | 79°12′36″ | 10° 47′ 24″ | −18″ | 10° 47′06″ | |
| | | 右 | 280°46′48″ | 10° 46′48″ | | | |

# 第五节　竖直角测量

### 一、竖直角测量原理

定义:竖直角是在同一竖直面内,一点到目标的方向线与水平线之间的夹角,又称倾角,用 α 表示。如图 4-10 所示。

分类:仰角,目标方向高于水平方向的竖直角,在其角值前加"+",取值范围为 0°～90°。俯角,目标方向低于水平方向的竖直角,在其角值前加"−",取值范围为 0°～90°。

竖直角的角值范围:−90°～90°。

竖直角的角值:望远镜照准目标的方向线与水平线分别在竖直度盘上有对应两读数之差。

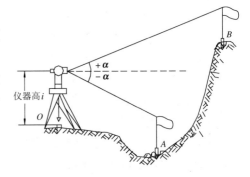

图 4-10　竖直角(倾角)

### 二、竖直度盘的构造(图 4-11)

包括竖直度盘、竖盘读数指标、竖盘指标水准管和竖盘指标水准管微动螺旋。

指标线固定不动,而整个竖盘随望远镜一起转动。

竖盘的注记形式:顺时针或逆时针。本书只介绍顺时针形式。

### 三、竖直角计算公式(全圆顺时针注记)

设盘左时瞄准目标的读数为 $L$,盘右时瞄准目标的读数为 $R$,盘左和盘右位置所测竖直角分别用 $\alpha_L$ 和 $\alpha_R$,则其公式为:

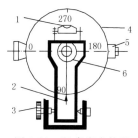

图 4-11　竖直度盘构造

1.竖盘指标水准管

2.竖盘读数指标

3.竖盘指标水准管微动螺旋

4.竖盘

5.视准轴

6.竖盘中心

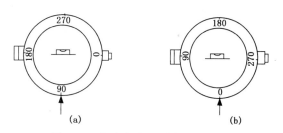

图 4-12　竖直角注记形式(顺时针)

$$\alpha_L = 90° - L$$
$$\alpha_R = R - 270°$$

通用公式:

若读数增加,则竖直角的计算公式为:

$$\alpha = (瞄准目标时的读数) - (视线水平时的读数)$$

若读数减少,则

$$\alpha = (视线水平时的读数) - (瞄准目标时的读数)$$

**四、竖直角的观测**

如图 4-12(a)所示,竖直角的观测、记录和计算步骤如下:

(1)准备工作:在目标点树立标志;安置仪器于测站 $O$ 点(包括对中和整平)。

(2)盘左位置,调焦与照准目标 $A$,使十字丝横丝精确瞄准目标。转动竖盘指标水准管微动螺旋,使水准管气泡严格居中,然后读取竖盘读数 $L$,设为 $93°22'06''$,记入表 4-2。

(3)盘右位置,重复步骤(2),设其读数 $R$ 为 $266°37'12''$,记入表 4-2。

(4)根据竖直角计算公式计算,得

$$\alpha_L = 90° - L = 90° - 93°22'06'' = -3°22'06''$$
$$\alpha_R = R - 270° = 266°37'12'' - 270° = -3°22'48''$$

那么一测回竖直角为:

$$\alpha = 1/2(-3°22'06'' - 3°22'48'') = -3°22'27''$$

将计算结果分别记入表 4-2,其角值为负,显然是俯角。同理观测目标 $B$,其结果是正值,说明是仰角。

在竖角观测中应注意,每次读数前必须使竖盘指标水准管气泡居中,才能正确读数。

**五、竖盘指标差**

竖盘指标常常偏离正确位置,这个偏离的差值 $x$ 角即为竖盘指标差。

如图 4-13 所示,由于存在指标差,其正确的竖直角计算公式为:

$$\alpha = (90° + x) - L = \alpha_{L+x} \text{ 或 } \alpha = 90° - (L - x) = \alpha_{L+x} \tag{4-1}$$

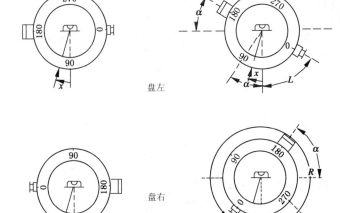

盘左

盘右

图 4-13　竖盘指标差

同理,如图 4-13 所示盘右位置,其正确的竖直角计算公式为:

$$\alpha = (R - x) - 270° = \alpha_R - x \text{ 或 } \alpha = R - (270° + x) = \alpha_R - x \tag{4-2}$$

式(4-1)和式(4-2)相加,并除以 2,得

$$\alpha = 1/2(R - L - 180°) = 1/2(\alpha_{L+}\alpha_R) \tag{4-3}$$

由此可见,在竖角测量时,用盘左、盘右法测竖直角可以消除竖盘指标差的影响。

将式(4-1)和式(4-2)相减,得

$$2x = (R + L) - 360$$
$$x = 1/2[(R + L) - 360] \tag{4-4}$$

指标差互差的限差:DJ2 型仪器不得超过 $\pm 15''$;DJ6 型仪器不得超过 $\pm 25''$。

# 第六节　经纬仪的检验

经纬仪的主要轴线:竖轴($VV$)、横轴($HH$)、视准轴($CC$)和水准管轴($LL$)。

各轴线之间应满足的几何条件有:

①水准管轴应垂直于竖轴($LL \perp VV$)；

②十字丝纵丝应垂直于水平轴；

③视准轴应垂直于水平轴($CC \perp HH$)；

④水平轴应垂直于竖轴($HH \perp VV$)；

⑤望远镜视准轴水平、竖盘指标水准管气泡居中时,即竖盘指标差为零；

⑥光学对点器光学垂线与仪器竖轴重合。

**一、水准管轴的检验**

检验方法:先粗略整平仪器,然后转动照准部使水准管平行于任意两个脚螺旋的连线方向,调节这两个脚螺旋使水准管气泡居中;再将仪器旋转$180°$,如水准管气泡仍居中或偏离中心不超过1格,说明水准管轴与竖轴垂直;若气泡不再居中,则说明水准管轴与竖轴不垂直,需要校正。

**二、十字丝纵丝的检验**

检验方法:首先整平仪器,用十字丝纵丝的上端或下端精确照准远处一明显的目标点,然后制动照准部和望远镜,转动望远镜微动螺旋使望远镜绕横轴作微小俯仰,如果目标点始终在纵丝上移动,说明条件满足,否则需要校正。

**三、望远镜视准轴的检验**

产生原因:由于十字丝交点在望远镜筒内的位置不正确而产生的。

检验方法:首先在平坦地面上选择一条长约$100\ m$的直线$AB$,将经纬仪安置在$A,B$两点的中点$O$处,如图4-14所示,并在$A$点设置一瞄准标志,在$B$点横放一根刻有毫米分划的尺子,使尺子与$OB$尽量垂直,标志、尺子应大致与仪器同高;然后用盘左瞄准$A$点,制动照准部,倒转望远镜在$B$点尺上读数$B_1$,如图4-14(a)。再用盘右瞄准$A$点,制动照准部,倒转望远镜再在$B$点尺上读数$B_2$,如图4-14(b)。

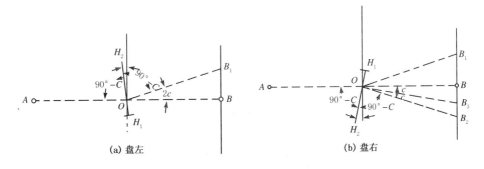

(a) 盘左　　　　　　　　　　(b) 盘右

图 4-14　视准轴的检验方法

若$B_1$与$B_2$两读数相同,则说明条件满足。如不相同,由图4-14可知,$\angle B_1 OB_2 =$

$4c$,由此算得

$$c''=B_1B_2\times\rho''/4D$$

式中 $D$ 为 $O$ 点到小尺的水平距离,若 $c''>60''$,则必须校正。

校正:在尺上定出一点 $B_3$,使 $\overline{B_2B_3}=\dfrac{1}{4}\overline{B_1B_2}$,$OB_3$ 便和横轴垂直。用拨针拨动目镜处的左右两个十字丝校正螺丝,一松一紧,左右移动十字丝分划板,直到十字丝交点与 $B_3$ 影像重合。这项检校也需反复进行。

**四、水平轴的检验**

影响:水平轴不垂直于竖轴,视准轴绕倾斜的水平轴旋转所形成的轨迹是一个倾斜面。当照准同一铅垂面内高度不同的目标点时,水平度盘的读数并不相同,从而产生测角误差。

检验方法:在距一垂直墙面 $20\sim30$ m 处,安置经纬仪,整平仪器,如图 4-15 所示;然后在盘左位置,照准墙上部某一明显目标 $P$,仰角稍大于 $30°$ 为宜;再制动照准部,放平望远镜在墙上标定 $A$ 点;倒转望远镜成盘右位置,仍照准 $P$ 点,再将望远镜放平,标定 $B$ 点。若 $A$、$B$ 两点重合,说明水平轴是水平的,水平轴垂直于竖轴;否则,说明水平轴倾斜,水平轴不垂直于竖轴,需要校正。

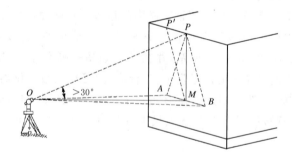

图 4-15  水平轴检验

**五、竖盘水准管的检验**

安置仪器,用盘左、盘右两个镜位观测同一目标点,分别使竖盘指标水准管气泡居中,读取竖盘读数 $L$ 和 $R$,用式(4-4)计算竖盘指标差 $x$,若 $x$ 值超过 $1'$ 时,应进行校正。

# 第七节  角度测量误差及注意事项

水平角测量误差的来源主要有:仪器误差、安置仪器误差、目标偏心误差、观测误差和外界条件的影响等。

**一、仪器误差**

1.组成

(1)由于仪器制造和加工不完善而引起的误差(只能用适当的观测方法予以消除或减弱)。

(2)由于仪器检校不完善而引起的误差(可以采用适当的观测方法来消除或减弱其影响)。

2.消除或减弱上述误差的具体方法

(1)采用盘左、盘右两个位置取平均值的方法　消除视准轴不垂直于水平轴、水平轴不垂直于竖轴和水平度盘偏心等误差的影响。

(2)采用变换度盘位置观测取平均值的方法　减弱由于水平度盘分划不均匀给测角带来的误差影响。

(3)其他　在经纬仪使用之前应严格检校,确保水准管轴垂直于竖轴;同时,要特别注意仪器的严格整平。

**二、安置仪器误差**

1.对中误差

边长愈短,偏心距愈大,目标偏心误差对水平角观测的影响愈大;照准标志愈长,倾角愈大,偏心距愈大。观测的角值 $\beta' = 180°$,偏心方向的夹角 $\theta = 90°$ 时,$\delta$ 最大。

2.整平误差

倾角越大,影响也越大。一般规定在观测过程中,水准管偏离零点不得超过1格。

**三、目标偏心误差**

边长愈短,偏心距愈大,目标偏心误差对水平角观测的影响愈大;同时,照准标志愈长,倾角愈大,偏心距愈大。因此,在水平角观测中,除注意把标杆立直外,还应尽量照准目标的底部。边长愈短,更应注意。

**四、观测误差**

1.照准误差

影响望远镜照准精度的因素主要有人眼的分辨能力,照准误差一般为 $2.0'' \sim 2.4''$,在观测中我们应尽量消除视差。

2.读数误差

读数误差主要取决于仪器的读数设备,读数时必须仔细调节读数显微镜,使度盘与测微尺分划影像清晰,也要仔细调整反光镜,使影像亮度适中,然后再仔细读数。

**五、外界条件的影响**

要选择有利的观测时间和避开不利的观测条件,使这些外界条件的影响降低到较小的程度。

## 思考练习题

1. 分别说明水准仪和经纬仪的安置步骤, 并指出它们的区别。

2. 什么是水平角? 经纬仪为何能测水平角?

3. 什么是竖直角? 观测水平角和竖直角有哪些相同点和不同点?

4. 对中、整平的目的是什么? 如何进行? 若用光学对中器应如何对中?

5. 计算下表中水平角观测数据。

| 测站 | 竖盘位置 | 目标 | 水平盘读数 (° ′ ″) | 半测回角值 (° ′ ″) | 一测回角值 (° ′ ″) | 各测回平均角值 (° ′ ″) |
|---|---|---|---|---|---|---|
| I 测回 O | 左 | A | 0 36 24 | | | |
| | | B | 108 12 36 | | | |
| | 右 | A | 180 37 00 | | | |
| | | B | 288 12 54 | | | |
| II 测回 O | 左 | A | 90 10 00 | | | |
| | | B | 197 45 42 | | | |
| | 右 | A | 270 09 48 | | | |
| | | B | 17 46 06 | | | |

6. 经纬仪上的复测扳手和度盘位置变换手轮的作用是什么? 若将水平度盘起始读数设定为 $0°00′00″$, 应如何操作?

7. 简述测回法观测水平角的操作步骤?

8. 水平角方向观测中的 $2c$ 是何含义? 为何要计算 $2c$, 并检核其互差。

9. 计算下表中方向观测法水平角观测成果。

| 测站 | 测回数 | 目标 | 水平度盘读数 | | 2c＝左－（右±180°）（″） | 平均读数＝[左＋（右±180°)]/2 | 归零后方向值（°′″） | 各测回归零方向值的平均值（°′″） | 各测回方向间的水平角（°′″） |
|---|---|---|---|---|---|---|---|---|---|
| | | | 盘左读数（°′″） | 盘右读数（°′″） | | | | | |
| O | 1 | A | 0 02 36 | 180 02 36 | | | | | |
| | | B | 70 23 36 | 250 23 42 | | | | | |
| | | C | 228 19 24 | 28 19 30 | | | | | |
| | | D | 254 17 54 | 74 17 54 | | | | | |
| | | A | 0 02 30 | 180 02 36 | | | | | |
| | 2 | A | 90 03 12 | 270 03 12 | | | | | |
| | | B | 160 24 06 | 340 23 54 | | | | | |
| | | C | 318 20 00 | 138 19 54 | | | | | |
| | | D | 344 18 30 | 164 18 24 | | | | | |
| | | A | 90 03 18 | 270 03 12 | | | | | |

10. 何谓竖盘指标差？如何计算、检核和校正竖盘指标差？

11. 整理表中竖角观测记录。

| 测站 | 目标 | 竖盘位置 | 竖盘读数（°′″） | 竖直角（°′″） | 指标差（″） | 平均竖直角（°′″） | 备注 |
|---|---|---|---|---|---|---|---|
| O | M | 左 | 75 30 04 | | | | 顺时针注记 |
| | | 右 | 284 30 17 | | | | |
| | N | 左 | 101 17 23 | | | | |
| | | 右 | 258 42 50 | | | | |

12. 经纬仪上有哪些主要轴线？它们之间应满足什么条件？为什么？

13. 角度观测为什么要用盘左、盘右观测？能否消除因竖轴倾斜引起的水平角测量误差？

14. 望远镜视准轴应垂直于横轴的目的是什么？如何检验？

15. 经纬仪横轴为何要垂直于仪器竖轴？如何检验？

16. 试述经纬仪竖盘指标自动归零的原理。

# 第五章　测量误差基本知识

测量中任何一个观测量,客观上都存在一个真实值 $X$(又称之为理论值),简称真值,对该量进行观测所得的值 $L$ 称为观测值,通常将观测值与其真实值之间的差异 $\Delta$(不符值)称为真误差,其数学函数表达式为

$$\Delta = L - X \tag{5-1}$$

在实际测量工作中,无论测距、测角,还是测高差,无论测量仪器多么先进,测量方法多么严密,测量工作者多么认真仔细,如果对某一观测量进行多次重复观测,每一次测量的结果通常都是互有差异的。例如,根据几何原理一平面三角形三内角之和理论值应为 $180°$,但通过测角仪器对同一三角形三内角和进行多次观测,所得每次测量结果通常不是 $180°$,而相互间有一定差异。测量误差在测量结果中是不可避免的。

## 第一节　测量误差

**一、测量误差的来源**

产生测量误差的原因很多,其来源归结起来主要有以下三个方面。

1. 测量仪器误差

任何一种测量仪器无论在设计、制造、使用等方面都不可能做到十全十美,即每一种测量仪器都具有一定限度的精密度,使观测结果受到相应的影响,这必然会给测量结果带来测量误差。例如,在用刻有厘米分划的普通水准尺进行测量时,就难以保证估读的毫米值的完全准确性;再说仪器本身也存在着一定的误差,例如,水准测量中的视线不水平误差,经纬仪测角中视准轴不垂直于横轴误差及横轴倾斜误差等等,都属于测量仪器误差,它们都会使测量结果产生误差。

2. 观测者人为误差

观测者人为误差是由于观测者的视觉、听觉等感觉器官的鉴别能力有一定的限度,在仪器安置、照准、读数等方面产生的误差。与此同时,观测者的技术水平、工作态度也对观测结果的质量有直接的影响。例如,在水准测量中,水准尺的毫米估读误差,水平角观测中的仪器对中误差、瞄准误差就属于这种观测者的人为误差。

3. 外界环境条件误差

测量工作都是在一定的外界环境条件下进行的,如地形、温度、风力、大气折光等自然因素都会给观测结果带来种种影响,况且这些因素又在随时发生变化,这必然会给测量成果带来测量误差。例如水准测量的大气折光差就属于这种由外界环境条件影响产生的误差。

**二、测量误差的分类**

根据测量误差性质的不同,可将测量误差分为粗差、系统误差和偶然误差三大类。

1. 粗差

粗差是一种超限的大量级误差,俗称错误,是由于观测者使用仪器不正确、操作方法不当、疏忽大意或外界环境条件的干扰而造成的所得错误的测量结果。比如观测时瞄错测量目标,读错、记错或算错测量数据等造成的错误;或因外界环境条件发生显著变动而引起的错误测量结果。粗差的数值往往偏大,使观测结果显著偏离真值。因此,粗差在观测结果中是不允许存在的,一旦发现观测值中含有粗差,应将其从观测成果中剔除,该观测值必须重测或舍弃。一般来说,只要测量工作者具有高度的责任心,严谨科学的工作态度,工作中仔细谨慎,严格遵守测量规范,并对观测结果及时作必要的检核、验算,粗差是可以避免和及时发现的。

2. 系统误差

在相同的观测条件下,对某量进行一系列观测,如果测量误差在数值大小和正负符号方面按一定的规律发生变化或保持一特定的常数,这种误差称为系统误差。例如用一把名义长为 30 m 而实际比 30 m 长出 Δ 的钢卷尺进行距离丈量,量出的结果比实际距离短了,假若测量结果为 $D'$,则 $D'$ 中含有因尺长不准确而带来的误差为 $-D'\Delta/30$,这种误差的大小与所量直线距离的长度成正比,而且符号始终一致。

3. 偶然误差

在相同的观测条件下,对某量进行一系列观测,如果测量误差在其数值的大小和正负符号上都没有一致的倾向性,即没有一定的规律性,这种误差称为偶然误差。例如经纬仪测角时,由于受照准误差、读数误差、外界环境条件变化所引起的误差等综合影响,测角误差的大小和正负号都不可预知,即具有一定的偶然性。这种性质的误差就属于偶然误差。

在观测过程中,系统误差和偶然误差往往是同时产生的。当观测结果中有显著的系统误差时,偶然误差就居于次要地位,观测误差呈现出系统的性质;反之,当观测结果中有显著的偶然误差时,观测误差呈现出偶然的性质。由于系统误差在观测结果中具有一定的累积性,对测量的结果特别显著,在实际工作中,应采用各种方法来消除系统误差,或减小其对观测结果的影响,使其处于次要地位,达到可以忽略不计的程度。因此,对一组剔除了粗差的观测值,首先应寻找、判断和排除系统误差,或将其控制在允许的范围之内,然后根据偶然误差的特性对该组观测值进行处理,求出与未知量最为接近的值(最或是值),从而评判观测结果的可靠程度。

**三、偶然误差的特性**

在一切观测结果中,都不可避免地存在偶然误差。虽然单个偶然误差表现出不具有规律性,但在相同的观测条件下对同一量进行多次观测时,所出现的偶然误差就其总体而言就会遵循一定的统计规律,故有时又把偶然误差称为随机误差,我们可根据概率原理,应用统计学的方法来分析研究它的特性。

下面先介绍一个测量中的例子:在相同的观测条件下,观测了 358 个平面三角形的三个内角,由于观测值结果中存在误差,各三角形内角观测值之和一般不等于 180°,产生的真误差为 $\Delta_i$,设三角形三内角之和真值为 $X$,三内角观测值之和为 $L_i$,则三角形内角和的真误差为

$$\Delta_i = L_i - X \qquad (i = 1, 2, \cdots, 358)$$

现将 358 个三角形内角和的真误差以误差区间 $d\Delta$(间隔)为 0.2″,按其绝对值的大小进行排列,统计出各区间的误差个数 $k$ 及其相对百分率见表 5-1。

从表 5-1 的统计结果可以看出,小误差出现的百分率比大误差出现的百分率大,绝对值相等的正负误差出现的百分率相近,误差的最大值不会超过某一特定值(本例为 1.6″)。在其他测量结果中,当观测次数较多时,误差也会显示出同样的规律,因此,在相同观测条件下,当观测值的次数增大到一定量时,就可以总结出偶然误差具有如下的统计规律特性:

**表 5-1 误差统计表**

| 误差区间 $d\Delta$ | 负误差 | | 正误差 | |
|---|---|---|---|---|
| (″) | 个数($k$) | 百分率(%) | 个数($k$) | 百分率(%) |
| 0.0~0.2 | 45 | 12.6 | 46 | 12.8 |
| 0.2~0.4 | 40 | 11.2 | 41 | 11.5 |
| 0.4~0.6 | 33 | 9.2 | 33 | 9.2 |
| 0.6~0.8 | 23 | 6.4 | 21 | 5.9 |
| 0.8~1.0 | 17 | 4.7 | 16 | 4.5 |
| 1.0~1.2 | 13 | 3.6 | 13 | 3.6 |
| 1.2~1.4 | 6 | 1.7 | 5 | 1.4 |
| 1.4~1.6 | 4 | 1.1 | 2 | 0.6 |
| 1.6 以上 | 0 | 0.0 | 0 | 0.0 |
| 总　数 | 181 | 50.5 | 177 | 49.5 |

(1)在一定的观测条件下,偶然误差的绝对值不会超过一定的限度。

(2)绝对值小的误差比绝对值大的误差出现的可能性大。

(3)绝对值相等的正误差和负误差出现的机会相等。

(4)同一量的等精度观测,其偶然误差的算术平均值随着观测次数的无限增加而趋于零,即

$$\lim_{n \to \infty} \frac{\Delta_1 + \Delta_2 + \cdots + \Delta_n}{n} = \lim_{n \to \infty} \frac{[\Delta]}{n} = 0 \qquad (5-2)$$

式中 $n$ 为观测次数;[　]表示求和。

上述第四个特性可由第三个特性导出,这说明偶然误差具有相互抵偿性。这个特性对深入研究偶然误差的特性具有十分重要的意义。

为了更充分地反映偶然误差的分布情况,除了用上述误差分布统计表(表5-1)的形式外,还可以用较为直观的图形来进行表示。若以横坐标表示偶然误差的大小,纵坐标表示各区间误差出现的相对个数 $k/n$(又称为频率)除以区间的间隔值 $d\Delta$(本例为 $0.2''$)。这样,每一误差区间上方的长方形面积就代表误差在该区间出现的相对个数。这样就可以绘出误差统计直方图(图5-1)。

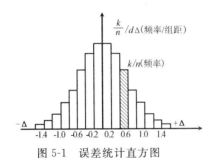

图 5-1　误差统计直方图

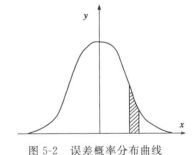

图 5-2　误差概率分布曲线

若使观测次数 $n \to \infty$,由于误差出现的频率已趋于完全稳定,如果此时把误差区间间隔 $d\Delta$ 无限缩小,即 $d\Delta \to 0$,直方图顶端连线将变成一条光滑的对称曲线(图5-2),这种曲线就是误差的概率分布曲线(或称为误差分布曲线),也就是说,在一定的观测条件下,对应着一个确定的误差分布。在数理统计中,这条曲线称为正态分布密度曲线,该曲线又称为高斯偶然误差分布曲线。高斯根据偶然误差的统计特性,推导出了该曲线的方程式,即

$$f(\Delta) = \frac{1}{|m| \sqrt{2\pi}} e^{\frac{\Delta^2}{2m^2}} \qquad (5-3)$$

$y = f(\Delta)$ 称为分布密度。式中 $m$ 称为中误差,在概率统计中,$|m| = \sigma$ 称为均方差。

由上述偶然误差分布特点可以知道,偶然误差不能用计算来改正或用一定的观测

方法简单地加以消除,只能根据其特性改进观测方法和合理处理观测数据,才能提高观测成果的质量。

# 第二节　衡量观测值精度的标准

在任何测量工作中,测量的结果都不可避免地存在测量误差,即使在相同的观测条件下,对同一个量的多次观测,其结果也不尽相同。因此,测量工作的任务除了获得一个量的观测结果以外,还应对观测结果的优劣程度即精度进行评价。测量中通常将中误差、相对中误差和容许误差来作为衡量精度的标准。

## 一、中误差

测量中规定,在相同的观测条件下对同一未知量进行多次($n$ 次)观测,各个观测值的真误差平方均值的平方根称为观测值的中误差,其表达式为

$$m = \pm \sqrt{\frac{[\Delta\Delta]}{n}} \qquad (5\text{-}4)$$

式中 $[\Delta\Delta] = \Delta_1^2 + \Delta_2^2 + \cdots + \Delta_n^2$;$n$ 为对观测值的观测次数;$m$ 表示观测值的中误差,亦称均方误差,即每个观测值都具有这个精度,在概率统计中常用 $\sigma$ 来表示。

中误差 $m$ 值的大小不同反映了不同组观测值的精度不一样,其偶然误差的概率分布密度曲线也不同。$m$数值越小,表示这组观测值的精度越高,即观测成果的可靠程度越大。如图 5-3 所示,设 $|m_2| > |m_1|$,则说明相应于 $m_1$ 的偶然误差列比相应于 $m_2$ 的偶然误差列更密集在原点两侧。由于分布密度曲线与横轴之间的面积皆等于 1,故 $|m_1|$ 的曲线所截纵轴的位置比 $|m_2|$ 的曲线高,说明 $m_1$ 所对应观测值的精度比 $m_2$ 所对应观测值的精度高。

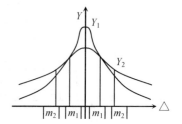

图 5-3　不同精度的中误差曲线

例:在相同观测条件下,两工作组对某三角形内角和分别作了 10 次观测,观测结果如表 5-2。

根据表 5-2 的数据和中误差计算公式(5-4)可计算出第一组观测值中误差为

$$m_1 = \pm \sqrt{\frac{3^2 + 2^2 + 2^2 + 4^2 + 1^2 + 0^2 + 4^2 + 3^2 + 2^2 + 3^2}{10}} = \pm 2.7''$$

第二组观测值中误差为

$$m_2 = \pm \sqrt{\frac{0^2 + 1^2 + 7^2 + 2^2 + 1^2 + 1^2 + 8^2 + 0^2 + 3^2 + 1^2}{10}} = \pm 3.6''$$

$|m_1| < |m_2|$，它表明第一组观测值的精度比第二组观测值的精度高，故有理由认为第一组观测结果比第二组观测结果更可靠。

**表 5-2　三角形内角和观测结果**

| 第一组观测 | | | 第二组观测 | | |
|---|---|---|---|---|---|
| 次数 | 观测值<br>（ °　′　″ ） | 真误差<br>（ ″ ） | 次数 | 观测值<br>（ °　′　″ ） | 真误差<br>（ ″ ） |
| 1 | 180　00　03 | ＋3 | 1 | 180　00　00 | 0 |
| 2 | 180　00　02 | ＋2 | 2 | 179　59　59 | －1 |
| 3 | 179　59　58 | －2 | 3 | 180　00　07 | ＋7 |
| 4 | 179　59　56 | －4 | 4 | 180　00　02 | ＋2 |
| 5 | 180　00　01 | ＋1 | 5 | 180　00　01 | ＋1 |
| 6 | 180　00　00 | 0 | 6 | 179　59　59 | －1 |
| 7 | 180　00　04 | ＋4 | 7 | 179　59　52 | －8 |
| 8 | 179　59　57 | －3 | 8 | 180　00　00 | 0 |
| 9 | 179　59　58 | －2 | 9 | 179　59　57 | －3 |
| 10 | 180　00　03 | ＋3 | 10 | 180　00　01 | ＋1 |

**二、相对中误差**

由于真误差 $\Delta$ 及中误差 $m$ 都是绝对误差，对于衡量测量成果的精度来说，有时单靠中误差 $m$ 还不能完全评价观测结果的优劣情况。例如，用钢尺分别丈量了一段长度为 100 m，另一段长度为 200 m 的距离，其中误差都为 $\pm 10$ mm。显然，单从中误差看不能判断丈量这两段距离精度的高低。为了更客观地衡量测量成果精度，这时应采用另一种衡量精度的标准，那就是相对中误差。

相对误差是指中误差 $m$ 的绝对值与相应测量结果 $L$ 之比，是个无量纲数，在测量上通常将其分子化为 1，即用 $k = \dfrac{1}{N}$ 的形式来进行表示。例如，相对中误差可表示为

$$k = \frac{|m|}{L} = 1/(L/|m|) \tag{5-5}$$

则上述两段距离的相对中误差为

$$k_1 = \frac{|m_1|}{L_1} = \frac{0.01}{100} = \frac{1}{10000}$$

$$k_2 = \frac{|m_2|}{L_2} = \frac{0.01}{200} = \frac{1}{20000}$$

可见 $k_1 > k_2$，后者的精度比前者高。

### 三、容许误差

在测量工作中,为了判断一个观测成果是否符合精度要求,往往需要定出测量误差最大不能超出某个限值,通常称这个限值为容许误差或极限误差。

由偶然误差的特性可知,在一定的观测条件下,偶然误差的绝对值不会超过某个限值(容许误差),在实际工作中,如果某误差超出了容许误差,那就可以说明观测值中除偶然误差以外,还存在粗差或错误,相应的观测值就应舍去不用,进行重测。根据误差统计规律理论和大量实践表明,在一系列等精度观测误差中,绝对值大于中误差的偶然误差,其出现可能性约为 30%;绝对值大于两倍中误差的偶然误差出现的可能性约为 5%;绝对值大于三倍中误差的偶然误差出现的可能性约为 3‰。因此,测量中常取两倍中误差作为误差的限值,也就是在测量中规定的容许误差(或限差),即

$$\Delta_{容许} = 2m \tag{5-6}$$

在有的测量规范中,也有取三倍中误差作为容许误差的。

# 第三节  误差传播定律

上节讨论了如何根据等精度观测值的真误差来评定观测值精度的问题。但是,在实际测量工作中有许多未知量是不能直接观测而求其值的,而是要依靠直接观测值的某种函数关系间接求出来。例如,某未知点 $B$ 的高程 $H_B$,是由起始点 $A$ 的高程 $H_A$ 加上从 $A$ 点到 $B$ 点间进行了若干站水准测量而得来的观测高差 $h_1, h_2, \cdots, h_n$ 求和得来的。此时未知点 $B$ 的高程 $H_B$ 是各独立观测值 $(h_1, h_2, \cdots, h_n)$ 的函数。那么如何根据观测值的中误差去求观测值函数的中误差呢?我们把表述观测值函数的中误差与观测值中误差之间关系的定律称为误差传播定律。

设有一般函数    $Z = f(x_1, x_2, \cdots, x_n)$

式中 $x_1, x_2, \cdots, x_n$ 为独立的可直接观测的未知变量,设 $x_i$ 相对应的观测值为 $l_i (i = 1, 2, \cdots, n)$,其相对应的真误差为 $\Delta x_i$,中误差为 $m_i$,$Z$ 为不可直接观测的待求未知量,由于 $\Delta x_i$ 的存在,使函数 $Z$ 产生相应的真误差为 $\Delta_Z$,中误差为 $m_Z$。因为 $x_i = l_i - \Delta x_i$ 当观测值 $x_i$ 变化为 $\Delta x_i$(真误差)时,函数 $Z$ 也随之相应变化为 $\Delta_Z$(真误差)。即

$$Z + \Delta_Z = f(x_1 + \Delta x_1, x_2 + \Delta x_2, \cdots, x_n + \Delta x_n)$$

因真误差 $\Delta_i$ 都很小,可按泰勒级数公式将上式展开,并取至第一次项得

$$Z + \Delta_Z = f(x_1, x_2, \cdots, x_n) + \left( \frac{\partial f}{\partial x_1} \Delta x_1 + \frac{\partial f}{\partial x_2} \Delta x_2 + \cdots + \frac{\partial f}{\partial x_n} \Delta x_n \right)$$

即

$$\Delta_Z = \frac{\partial f}{\partial x_1} \Delta x_1 + \frac{\partial f}{\partial x_2} \Delta x_2 + \cdots + \frac{\partial f}{\partial x_n} \Delta x_n$$

其中 $\dfrac{\partial f}{\partial x_i}(i=1,2,\cdots,n)$ 是函数对各变量所取的偏导数,以变量近似值(观测值)代入计算出数值,它们是常数,上式 $\Delta_Z$ 变成了 $\Delta x_1,\Delta x_2,\cdots,\Delta x_n$ 的直线函数形式。

为了求得观测值和函数之间的中误差关系,假设对 $x_i$ 进行了 $k$ 次独立观测,相应可得出 $k$ 个类似的函数式

$$\Delta_Z^{(1)}=\frac{\partial f}{\partial x_1}\Delta x_1^{(1)}+\frac{\partial f}{\partial x_2}\Delta x_2^{(1)}+\cdots+\frac{\partial f}{\partial x_n}\Delta x_n^{(1)}$$

$$\Delta_Z^{(2)}=\frac{\partial f}{\partial x_1}\Delta x_1^{(2)}+\frac{\partial f}{\partial x_2}\Delta x_2^{(2)}+\cdots+\frac{\partial f}{\partial x_n}\Delta x_n^{(2)}$$

$$\cdots\cdots\cdots\cdots\cdots\cdots\cdots\cdots\cdots\cdots\cdots\cdots$$

$$\Delta_Z^{(k)}=\frac{\partial f}{\partial x_1}\Delta x_1^{(k)}+\frac{\partial f}{\partial x_2}\Delta x_2^{(k)}+\cdots+\frac{\partial f}{\partial x_n}\Delta x_n^{(k)}$$

将以上各式平方后求和,并将式子两边除以 $k$,另由偶然误差的特性可知,当观测次数 $k\to\infty$ 时,下式中各偶然误差 $\Delta x_i$ 的交叉项总和均趋向于零,则有

$$\frac{[\Delta Z^2]}{k}=\left(\frac{\partial f}{\partial x_1}\right)^2\frac{[\Delta x_1^2]}{k}+\left(\frac{\partial f}{\partial x_2}\right)^2\frac{[\Delta x_2^2]}{k}+\cdots+\left(\frac{\partial f}{\partial x_n}\right)^2\frac{[\Delta x_n^2]}{k}$$

由式(5-4)上式可写成

$$m_Z^2=\left(\frac{\partial f}{\partial x_1}\right)^2 m_1^2+\left(\frac{\partial f}{\partial x_2}\right)^2 m_2^2+\cdots+\left(\frac{\partial f}{\partial x_n}\right)^2 m_n^2 \tag{5-7}$$

或

$$m_Z=\pm\sqrt{\left(\frac{\partial f}{\partial x_1}\right)^2 m_1^2+\left(\frac{\partial f}{\partial x_2}\right)^2 m_2^2+\cdots+\left(\frac{\partial f}{\partial x_n}\right)^2 m_n^2}$$

式(5-7)就是观测值中误差与其函数中误差的一般函数关系式,称中误差传播公式。根据以上推导过程不难求出表 5-3 中简单函数式的中误差传播公式。

表 5-3 中误差传播公式

| 函数形式 | 函数关系式 | 中误差传播公式 |
|---|---|---|
| 倍数函数 | $Z=Ax$ | $m_Z=\pm Am$ |
| 和差函数 | $Z=x_1\pm x_2$ | $m_Z=\pm\sqrt{m_1^2+m_2^2}$ |
| | $Z=x_1\pm x_2\pm\cdots\pm x_n$ | $m_Z=\pm\sqrt{m_1^2+m_2^2+\cdots+m_n^2}$ |
| 线性函数 | $Z=A_1x_1\pm A_2x_2\pm\cdots\pm A_nx_n$ | $m_Z=\pm\sqrt{A_1^2m_1^2+A_2^2m_2^2+\cdots+A_n^2m_n^2}$ |

中误差传播公式在测量中应用十分广泛。利用这些公式不仅可以求得观测值函数的中误差,还可以用来确定容许误差值的大小以及分析观测结果可能达到的精度等。

在应用中误差传播公式求解观测值函数中误差时,一般需按下列程序进行:其一需要确认观测值之间是否独立,然后才能计算观测值的中误差;其二建立观测值函数关系式,并对函数进行全微分,建立误差传播公式;最后把数值代入误差传播公式进行计算。下面举例说明其应用方法。

**例 1:** 在 1∶1000 地形图上量得 $A$ 与 $B$ 两点间的距离 $d_{AB} = 45.4$ mm,其中误差 $m_{d_{AB}} = \pm 0.3$ mm,求 $A$ 与 $B$ 两点间的实地水平距离 $D_{AB}$ 的值及其中误差 $m_{D_{AB}}$。

**解:** $D_{AB} = 1000 \, d_{AB} = 1000 \times 45.4$ mm $= 45400$ mm $= 45.40$ m

由表 5-3 倍数函数中误差传播公式得

$$m_{D_{AB}} = 1000 \, m_{d_{AB}} = 1000 \times (\pm 0.3 \text{ mm}) = \pm 0.30 \text{ m}$$

$A$、$B$ 两点的实地水平距离可写成 $D_{AB} = 45.40$ m $\pm 0.30$ m

**例 2:** 设在三角形 $ABC$ 中,直接观测了 $\angle A$、$\angle B$ 两个角,其测角中误差分别为 $m_A = \pm 3''$,$m_B = \pm 4''$,现按公式 $\angle C = 180° - \angle A - \angle B$,求得 $\angle C$ 角,试求 $\angle C$ 的中误差 $m_C$。

**解:** 因为 $\angle C = 180° - \angle A - \angle B$

由表 5-3 和差函数中误差传播公式可求得 $\angle C$ 的中误差 $m_C$

$$m_C = \pm \sqrt{m_A^2 + m_B^2} = \pm \sqrt{(\pm 3)^2 + (\pm 4)^2} = \pm 5''$$

**例 3:** 设 $x$ 为独立观测值 $L_1, L_2, L_3$ 的函数 $x = \dfrac{1}{5}L_1 + \dfrac{3}{5}L_2 + \dfrac{4}{5}L_3$,其中 $L_1, L_2, L_3$ 的中误差分别为 $m_1 = \pm 3$ mm,$m_2 = \pm 5$ mm,$m_3 = \pm 6$ mm,试求函数 $x$ 的中误差 $m_x$。

**解:** 因为函数关系式为

$$x = \frac{1}{5}L_1 + \frac{3}{5}L_2 + \frac{4}{5}L_3$$

由表 5-3 线性函数中误差传播公式可求得 $x$ 的中误差 $m_x$

$$m_x = \pm \sqrt{\left(\frac{1}{5}\right)^2 m_1^2 + \left(\frac{3}{5}\right)^2 m_2^2 + \left(\frac{4}{5}\right)^2 m_3^2} = \pm 5.7 \text{ mm}$$

**例 4:** 函数式 $\Delta_y = D\sin\alpha$,测得 $D = 225.85 \pm 0.06$m,$\alpha = 157°00'30'' \pm 20''$,求 $\Delta_y$ 的中误差 $m_{\Delta_y}$。

**解:** 因为 $\Delta_y = D\sin\alpha$,可见 $\Delta_y$ 是 $D$ 及 $\alpha$ 的一般函数。由式(5-7)可得

$$m_{\Delta_y} = \pm \sqrt{\left(\frac{\partial f}{\partial D}\right)^2 m_D^2 + \left(\frac{\partial f}{\partial \alpha}\right)^2 m_\alpha^2}$$

又因 $\dfrac{\partial f}{\partial D} = \sin\alpha$,$\dfrac{\partial f}{\partial \alpha} = D\cos\alpha$,所以有

$$m_{\Delta_y} = \pm \sqrt{\sin^2\alpha \, m_D^2 + (D\cos\alpha)^2 \left(\frac{m_\alpha}{\rho''}\right)^2}$$

$$=\pm \sqrt{(0.391)^2 \times (6)^2 + (22585)^2 \times (0.920)^2 \times \left(\frac{20''}{206265''}\right)^2}$$

$$=\pm \sqrt{5.5 + 4.1} = \pm 3.1 \text{ cm}$$

注：上式演算中 $\rho = 206265''$ 是将度值秒转化成弧度，即有 1 弧度 $= 206265''$。

**例 5**：试用中误差传播关系分析视线倾斜时，用视距测量的方法测量水平距离和测量高差的精度情况。

**解：** （1）测量水平距离的精度分析

视线倾斜时，水平距离的函数关系为

$$D = Kl\cos^2\alpha$$

因 $\dfrac{\partial D}{\partial l} = K\cos^2\alpha$，$\dfrac{\partial D}{\partial \alpha} = -Kl\sin 2\alpha$

则水平距离中误差

$$m_D = \pm \sqrt{\left(\frac{\partial D}{\partial l}\right)^2 m_l^2 + \left(\frac{\partial D}{\partial \alpha}\right)^2 \left(\frac{m_a}{\rho''}\right)^2}$$

$$=\pm \sqrt{(K\cos^2\alpha)^2 m_l^2 + (Kl\sin 2\alpha)^2 \left(\frac{m_a}{\rho''}\right)^2}$$

由于根式内第二项的值很小，为讨论方便，可忽略不计，则有

$$m_D = \pm \sqrt{(K\cos^2\alpha)^2 m_l^2} = \pm K m_l \cos^2\alpha$$

式中：$m_l$ 为标尺视距间隔 $l$ 的读数中误差；$K$ 为视距乘常数，一般的仪器 $K = 100$。

因标尺视距间隔 $l = $ 上丝读数－下丝读数，故有

$$m_l = \pm\sqrt{2}m_{读}$$

式中：$m_{读}$ 为单根视距丝读数的中误差。

由生理实验知，当视角小于 $1'$ 时，人的肉眼就无法分辨两点距离，可见人眼的最小分辨视角为 $60''$。DJ6 经纬仪望远镜放大倍数为 24 倍，则人的肉眼通过望远镜来观测时，分辨视角 $\gamma = 60''/24 = 2.5''$。因此，单根视距丝的读数误差为 $\dfrac{2.5''}{206265''} \times D \approx 12.1 \times 10^{-6} D$，以它作为读数误差的 $m_{读}$ 代入上式后可得

$$m_l = \pm 12.1 \times 10^{-6} \sqrt{2} D \approx \pm 17.11 \times 10^{-6} D$$

于是

$$m_D = \pm 100\cos^2\alpha(\pm 17.11 \times 10^{-6} D)$$

又因视距测量时，一般情况下 $\alpha$ 值都不大，当 $\alpha$ 很小时，$\cos\alpha \approx 1$，可将上式写为

$$m_D = \pm 17.11 \times 10^{-4} D$$

则相对中误差为

$$k = \frac{m_D}{D} = \pm 17.11 \times 10^{-4} = \pm 0.00171 \approx 1/584$$

若再考虑到其他因素的影响,可以认为视距精度约 $\frac{1}{300}$。

(2)测量高差的精度分析

视线倾斜时,视距高差公式为

$$h = \frac{1}{2} Kl \sin 2\alpha$$

因 $\frac{\partial h}{\partial l} = \frac{1}{2} K \sin 2\alpha = \frac{h}{l}$,$\frac{\partial h}{\partial \alpha} = Kl \cos 2\alpha$

高差 $h$ 的中误差为

$$m_h = \pm \sqrt{\left(\frac{h}{l}\right)^2 m_l^2 + (Kl \cos 2\alpha)^2 m_\alpha^2}$$

根式中第一项,当 $D = 100\text{m}$ 时,$m_l^2 = \pm 292.75 \times 10^{-8}$,由于数值太小故略去不计,

于是
$$m_h = \pm Kl \cos^2 \alpha \frac{m_\alpha}{\rho''}$$

当 $\alpha$ 角不大时,$\cos^2 \alpha \approx \cos^2 \alpha \approx 1$,可将上式改写为

$$m_h = \pm Kl \cos^2 \alpha \frac{m_\alpha}{\rho''} = \pm D \frac{m_\alpha}{\rho''}$$

若 $m_\alpha = \pm 1'$,$D = 100\text{m}$,则

$$m_h = \pm 0.03 \text{ m}$$

即视距测量每 100m 距离,相应的高差中误差为 3cm。其容许误差每 100m 可达 6cm。

# 第四节　等精度直接观测平差

由于测量成果含有不可避免的误差,因此,任何一独立未知量的真值都是无法求得的,在测量工作中,通常只能求得与未知量的真值最为接近的值最或是值,在测量平差中又称平差值。若对一未知量进行等精度观测若干次,如何根据未知量的全部观测值来求取它的最或是值,并评定其精度,本节将具体讨论这个问题。

**一、求最或是值**

设在相同观测条件下,对某未知量进行了 $n$ 次等精度观测,观测结果为 $L_1, L_2, \cdots, L_n$,相应的真误差为 $\Delta_1, \Delta_2, \cdots, \Delta_n$,未知量的真值为 $X$,$x$ 为未知量的最或是值,由式(5-1)可得观测值的真误差

$$\Delta_1 = L_1 - X$$
$$\Delta_2 = L_2 - X$$
$$\cdots\cdots\cdots\cdots\cdots$$

$$\Delta_n = L_n - X$$

将以上各式相加并将两端除以 $n$ 得

$$\frac{[\Delta]}{n} = \frac{[L]}{n} - X \tag{5-8}$$

若令观测值的最或值 $x = \frac{[L]}{n}$，则有

$$X = x - \frac{[\Delta]}{n}$$

由偶然误差第四个特性可知，当观测次数 $n$ 无限增加时，有 $\lim\limits_{n\to\infty}\dfrac{[\Delta]}{n} = 0$，则有

$$\lim_{n\to\infty}x = X$$

上式表明，当观测次数 $n$ 趋于无穷时，等精度观测的算术平均值就趋向于未知量的真值。在实际工作中，观测次数总是有限的，可以认为算术平均值是根据已有的观测数据所能求得的最接近真值的近似值，因此，在等精度观测中，不论观测次数的多少，人们均以全部观测值的简单算术平均值 $x$ 作为未知量的最可靠值，即最或是值。也就是

$$x = \frac{[L]}{n} \tag{5-9}$$

最或是值与每一个观测值的差值，称为该观测值的改正数，即

$$v_1 = x - L_1$$
$$v_2 = x - L_2$$
$$\cdots\cdots\cdots\cdots\cdots\cdots$$
$$v_n = x - L_n$$

将以上各式相加得

$$[v] = nx - [L] = n\frac{[L]}{n} - [L] = 0 \tag{5-10}$$

即改正数总和为零。(5-10)式可用作计算中的检核。

**二、精度评定**

1. 观测值的中误差

因为等精度观测值的中误差 $m = \pm\sqrt{\dfrac{[\Delta\Delta]}{n}}$，此式中由于未知量的真值 $X$ 无法确定，所以真误差 $\Delta_i$ 也是一个未知数，故不能直接用上式求出观测值的中误差。在实际工作中，通常求出的是未知量的最或是值而不是真值，一般都利用观测值的改正数 $v$ 来计算观测值的中误差。下面将推导出由改正数来计算观测值中误差的公式。

77

观测值真误差

$$\Delta_i = L_i - X \qquad (i = 1, 2, \cdots, n)$$

观测值改正数

$$\upsilon_i = x - L_i \qquad (i = 1, 2, \cdots, n)$$

两式相加得

$$\Delta_i = (x - X) - \upsilon_i \qquad (i = 1, 2, \cdots, n)$$

将上式自乘并求和得

$$[\Delta\Delta] = n(x - X)^2 - 2(x - X)[\upsilon] + [\upsilon\upsilon]$$

上式中 $(x - X)$ 为观测值的最或是值与真值的差值,即为最或是值的真误差 $\Delta_x$,又因为

$$\Delta_x = x - X = \frac{[L]}{n} - X = \frac{[L - X]}{n} = \frac{[\Delta]}{n}$$

将上式平方得

$$\Delta_x^2 = \frac{[\Delta^2]}{n^2} = \frac{1}{n^2}(\Delta_1^2 + \Delta_2^2 + \cdots \Delta_n^2 + 2\Delta_1\Delta_2 + 2\Delta_1\Delta_3 + \cdots$$

$$= \frac{[\Delta\Delta]}{n^2} + \frac{2}{n}(\Delta_1\Delta_2 + \Delta_1\Delta_3 + \cdots)$$

由于 $\Delta_1, \Delta_2, \cdots, \Delta_n$ 是彼此独立的偶然误差,故 $\Delta_1\Delta_2, \Delta_1\Delta_3, \cdots$ 也具有偶然误差的性质,当 $n \to \infty$ 时,$\Delta_1\Delta_2 + \Delta_1\Delta_3 + \cdots = 0$,当 $n$ 为有限的较大值时,$\Delta_1\Delta_2 + \Delta_1\Delta_3 + \cdots$ 较小,可以忽略不计。又因为 $[\upsilon] = 0$,所以有

$$[\Delta\Delta] = n\Delta_x^2 + [\upsilon\upsilon] = \frac{[\Delta\Delta]}{n} + [\upsilon\upsilon]$$

即

$$\frac{[\Delta\Delta]}{n} = \frac{[\Delta\Delta]}{n^2} + \frac{[\upsilon\upsilon]}{n}$$

由中误差定义式,上式可写成

$$m^2 = \frac{m^2}{n} + \frac{[\upsilon\upsilon]}{n}$$

故有

$$m = \pm\sqrt{\frac{[\upsilon\upsilon]}{(n-1)}} \qquad (5\text{-}11)$$

上式即为利用观测值的改正数来计算等精度观测值的中误差计算公式,又称为贝塞尔公式,它表示同一组观测值中任一观测值都具有相同的精度。

2. 最或是值的中误差

设对某量进行 $n$ 次等精度独立观测,其观测值为 $L_i$ ( $i=1,2,\cdots,n$ ),观测值中误差为 $m$,最或是值为 $x$。由式(5-9)有

$$x = \frac{[L]}{n} = \frac{1}{n}L_1 + \frac{1}{n}L_2 + \cdots + \frac{1}{n}L_n$$

由于 $x$ 是线性函数,根据中误差传播公式可知

$$m_x = \pm\sqrt{\left(\frac{1}{n}\right)^2 m^2 + \left(\frac{1}{n}\right)^2 m^2 + \cdots + \left(\frac{1}{n}\right)^2 m^2}$$

故

$$m_x = \pm\frac{m}{\sqrt{n}} \tag{5-12}$$

该式即为等精度观测的未知量最或是值的中误差的计算公式。由该式可见,最或是值的中误差与观测次数的平方根成反比。因此,增加观测次数可以提高最或是值的精度。

**例**:设对某段距离等精度测量了 6 次,其测量的结果如表 5-4 所示,试求该段距离的最或是值,观测值的中误差及最或是值的中误差。

**解**:根据式(5-9),该段距离的最或是值 $x = \dfrac{[L]}{n}$

即 $x = \dfrac{[L]}{n} = \dfrac{133.643 + 133.640 + 133.648 + 133.652 + 133.644 + 133.655}{6}$

$= 133.647\text{m}$

由观测值的改正数公式 $v_i = x - L_i$,可计算各观测值的改正数及其改正数的平方(见表5-4)。

表 5-4 改正数计算

| 观测值 $L_i$ (m) | 观测值改正数 $v$ (mm) | 改正数平方 $w$ (mm²) |
|:---:|:---:|:---:|
| $L_1 = 133.643$ | +4 | 16 |
| $L_2 = 133.640$ | +7 | 49 |
| $L_3 = 133.648$ | -1 | 1 |
| $L_4 = 133.652$ | -5 | 25 |
| $L_5 = 133.644$ | +3 | 9 |
| $L_6 = 133.655$ | -8 | 64 |
| [ ] | 0 | 164 |

由式(5-11)可求得观测值中误差

$$m = \pm\sqrt{\frac{[vv]}{n-1}} = \pm\sqrt{\frac{164}{6-1}} = \pm 6 \text{ mm}$$

由式(5-12)可求得最或是值中误差

$$m_x = \pm \frac{m}{\sqrt{n}} = \pm \frac{6}{\sqrt{6}} = \pm 2 \text{ mm}$$

在以上的计算中,可用 $[v] = 0$ 来检查改正数 $v$ 计算的正确性。

# 第五节　测量平差与最小二乘法原理

## 一、测量平差

为了检查和发现观测值粗差,提高观测值精度,测量工作中广泛采用了多余观测的方法,使观测值的个数大于必要观测的次数。由于偶然误差的存在,致使多余观测值与理论值之间产生了不符值。例如,在测量一平面三角形中,若测量两个角,则第三个角值可以计算出来,对第三个角度的观测则为多余观测。往往所测得的三内角相加之和不等于 $180°$,产生了不符值。测量平差的任务一是对观测值及其函数值的精度作出估算,二是消除观测值之间的矛盾,求出未知量的最或是值。

## 二、最小二乘法原理

通过一组含有观测误差的观测值求待求量的最佳估值,是测量平差的基本任务之一。设观测值向量为 $L$,观测值向量的真值向量为 $X$ 和观测误差向量为 $\Delta$,根据测量误差的定义有 $\Delta = L - X$ 这样的关系式,式中由于观测值 $L$ 存在着观测误差 $\Delta$,观测值的真值 $X$ 无法直接测取,在真值 $X$ 不知道时,观测误差 $\Delta$ 也无法求得,所以实际上式中具有两个未知向量,只有确定了其中一个未知向量,才能求出第二个未知向量。

虽然观测值的真误差无法得到,但通过相应的函数关系,一些观测值函数的真误差可以求出。下面以一平面三角形观测求三角形三内角和的观测真误差为例加以说明。

设一平面三角形三内角的观测值分别为 $L_1$、$L_2$ 和 $L_3$,其真值分别为 $X_1$、$X_2$ 和 $X_3$,其观测方差阵为

$$D = \begin{bmatrix} \sigma_1^2 & \sigma_{12}^2 & \sigma_{13}^2 \\ \sigma_{21}^2 & \sigma_{22}^2 & \sigma_{23}^2 \\ \sigma_{31}^2 & \sigma_{32}^2 & \sigma_{33}^2 \end{bmatrix} \quad 或 \quad D = \sigma_0^2 \begin{bmatrix} Q_{11} & Q_{21} & Q_{13} \\ Q_{21} & Q_{22} & Q_{23} \\ Q_{31} & Q_{32} & Q_{33} \end{bmatrix}$$

其中 $\sigma^2$, $Q$ 分别表示观测值的方差和协因数,由平面三角形三内角之和的真值为 $180°$ 有

$$X_1 + X_2 + X_3 - 180° = 0$$

将 $X_i = L_i - \Delta_i (i = 1, 2, 3)$ 代入上式得

$$\omega - \Delta_1 - \Delta_2 - \Delta_3 = 0$$

式中 $\omega$ 为三角形的闭合差,且 $\omega$ 为

$$\omega = (L_1 + L_2 + L_3) - 180°$$

由以上式子可求出三角形三内角之和的真误差,即

$$\omega = \Delta_1 + \Delta_2 + \Delta_3$$

利用三角形内角和的真误差 $\omega$ 可估求三角形中每个内角的真误差。

由线性代数知,$X_1 + X_2 + X_3 - 180° = 0$ 是一相容方程,即由该方程可以解出满足它的解有无穷多组解,即它的解不是唯一的。要求得方程的唯一解,在真值不知的情况下,测量工作中常采用"最小二乘法准则"来求解方程的估值,其表达形式为

$$\Phi = \Delta^T D^{-1} \Delta = \min \tag{5-13}$$

式中:$\Delta$ 是观测随机误差向量,$D$ 是它的先验协方差阵,它是顾及到观测向量先验随机性质的一个准则。

因为　　$D = \sigma_0^2 Q = \sigma_0^2 P^{-1}$　　或　　$D^{-1} = \frac{1}{\sigma_0^2} Q^{-1} = \frac{1}{\sigma_0^2} P$

式中 $\sigma_0^2$ 是一个纯量因子,$P$ 是先验权阵,如果要使式(5-13)成立,也就相当于要求下式成立,即

$$\Phi = \hat{\Delta}^T D^{-1} \hat{\Delta} = \min \tag{5-14}$$

在上述估计准则下求得的 $\Delta$ 的解称为 $\Delta$ 估值。通常用符号 $\hat{\Delta}$ 表示 $\Delta$ 的估值,并在习惯上用 $V$ 代替 $\hat{\Delta}$。所以通常将式(5-13)及式(5-14)写成

$$\Phi = V^T D^{-1} V = \min \tag{5-15}$$

或

$$\Phi = V^T P V = \min \tag{5-16}$$

由于在测量平差中求得的是观测误差 $\Delta$ 的估值 $V$,所以观测量真值向量的估值公式可表示为

$$X = L + V \tag{5-17}$$

式中 $X$ 是对观测量真值向量进行估计的结果,称为观测值向量 $L$ 的估值向量,或观测向量的"最或是值"向量、"观测值的平差值"向量;$V$ 称为"观测值的改正数"向量或"残差"向量,简称为改正数向量或残差向量。

根据最小二乘法准则进行的估计称为最小二乘估计,按此准则求得一组估值的过程,称为最小二乘法平差,由此而得到的一组估值是满足方程的唯一解。

应用上面给出的最小二乘法准则,并不需要知道观测向量是属于什么概率分布的随机向量,而只需知道它的先验协方差 $D$ 或先验权阵 $P$ 就可以。

式(5-15)、式(5-16)中的 $D$ 和 $P$ 如果不是对角阵,则表示观测值是相关的,按此准则进行的平差即称为相关观测平差。如果是对角阵,则表示观测值是彼此不相关的,此时称为独立观测平差。

当观测值不相关,即 $P$ 为对角阵时,则式(5-16)的纯量式为

$$\Phi = V^T P V = \sum_{i=1}^{n} P_i V_i^2 = P_1 V_1^2 + P_2 V_2^2 + \cdots + P_n V_n^2 = \min$$

当观测值不相关,且为等精度观测时,则 $P$ 为单位矩阵,即 $P = E$ 时,则有

$$\Phi = V^T P V = \sum_{i=1}^{n} V_i^2 = V_1^2 + V_2^2 + \cdots + V_n^2 = \min$$

最小二乘估计方法应用十分广泛,它具有以下一些优点:

(1)应用最小二乘估计方法,只需要知道观测向量 $L$ 的先验性质,如先验权阵 $P$ (或先验协方差阵 $D$),而不需要事先知道它们属于什么分布。因此,这种方法只要求最少的统计信息,从而可以应用于很多数据处理问题。

(2)最小二乘估计方法能得到一组具有多余观测的线性代数方程的最优解。

(3)最小二乘估计方法对于平差问题可以求得一组唯一解。

(4)利用最小二乘估计方法所导出的方程,其系数阵是对称和可逆的。

**三、最小二乘法原理的应用**

**例**:测得某平面三角形的三个内角观测值为 $a = 46°32'15''$, $b = 69°18'45''$, $c = 64°08'42''$,其闭合差 $f = a + b + c - 180° = -18''$。为了消除闭合差,求得各角的最或是值,需分别对三角形各个内角观测值加上改正数。

**解**:设 $v_a$, $v_b$, $v_c$ 分别为观测值 $a$, $b$, $c$ 的改正数,于是

$$(a + v_a) + (b + v_b) + (c + v_c) - 180° = 0$$

其中

$$v_a + v_b + v_c = +18'' \tag{5-18}$$

实际上,满足上式的改正数可以有无限多组,如表5-5。

表 5-5　改正数值

| 改正数 | 第 1 组 | 第 2 组 | 第 3 组 | 第 4 组 | 第 5 组 | … |
|---|---|---|---|---|---|---|
| $v_a$ | $+6''$ | $+4''$ | $-4''$ | $+3''$ | $+6''$ | … |
| $v_b$ | $+6''$ | $+20''$ | $+16''$ | $-1''$ | $+5''$ | … |
| $v_c$ | $+6''$ | $-6''$ | $+6''$ | $+16''$ | $+7''$ | … |
| $[vv]$ | 108 | 452 | 308 | 266 | 110 | … |

按照最小二乘法原理,选择其中 $[vv] = $ 最小的一组改正数,分别改正三角形各内角观测值,即得各内角的最或是值。

表 5-5 中第 1 组改正数的 $[vv] = 108$ 为最小的一组,故取该组改正数来改正三角形内角观测值,可得各角的最或是值 $A$, $B$, $C$ 为

$$A = a + v_a = 46°32'15'' + 6'' = 46°32'21''$$
$$B = b + v_b = 69°18'45'' + 6'' = 69°18'51''$$
$$C = c + v_c = 64°08'42'' + 6'' = 64°08'48''$$

改正后各内角最或是值之和为 $180°$。

然而,在实际工作中,不可能列出许多组改正数来逐一试求,而是用求条件极值的方法来计算符合 $[vv] = $ 最小的一组改正数。具体方法如下:

将式(5-20)写为

$$v_a + v_b + v_c + f = 0 \tag{5-21}$$

其中 $f = -18''$,根据 $[vv] = $ 最小,并对式(5-21)输入拉格朗日系数 $-2K$,列出方程:

$$Q = [vv] - 2K(v_a + v_b + v_c + f) = \text{最小}$$

或

$$Q = v_a^2 + v_b^2 + v_c^2 - 2Kv_a - 2Kv_b - 2Kv_c - 2Kf = \text{最小}$$

取一阶导数为零

$$\left.\begin{aligned}
\frac{\partial Q}{\partial v_a} &= 2v_a - 2K = 0 \\[6pt]
\frac{\partial Q}{\partial v_b} &= 2v_b - 2K = 0 \\[6pt]
\frac{\partial Q}{\partial v_c} &= 2v_c - 2K = 0
\end{aligned}\right\}$$

由上式可知

$$K = v_a = v_b = v_c$$

代入式(5-21)得

$$3K + f = 0$$

$$K = -\frac{f}{3}$$

于是

$$v_a = v_b = v_c = -\frac{-18''}{3} = 6''$$

此结果与直接计算的结果相同,也验证了最小二乘法原理与算术平均值原理的一致性。

## 思考练习题

1.产生测量误差的原因是什么?

2.系统误差和偶然误差有什么不同?偶然误差有哪些特性?

3.在相同的观测条件下,对同一量进行若干次观测,问这些观测精度是否相同?此时能否将误差小的观测值理解为比误差大的观测值精度高？为什么？

4.什么是观测精度？什么是中误差？为什么中误差能作为衡量精度的标准？

5.为什么说观测次数愈多,其平均值愈接近真值？其理论依据是什么？

6.什么是容许误差？容许误差在实际工作中起什么作用？

7.函数 $z = z_1 + z_2$,其中 $z_1 = x + 2y$,$z_2 = 2x - y$,$x$ 和 $y$ 相互独立,其中 $m_x = m_y = m$,求 $m_z$。

8.在图上量得一圆的半径 $r = 25.50$ mm,已知测量中误差 $m_r = \pm 0.05$ mm,求圆面积的中误差是多少？

9.若测角中误差为 $\pm 20''$,试求 $n$ 边形内角和的中误差是多少？

10.在一个三角形中观测了 $\alpha$、$\beta$ 两个内角,其中误差为 $m_a = \pm 20''$,$m_\beta = \pm 10''$,另一内角 $\gamma$ 由 $\gamma = 180° - \alpha - \beta$ 求得,问 $\gamma$ 角的中误差是多少？

11.在相同的观测条件下,对同一距离进行了 6 次丈量,其结果分别为 200.535m,200.548m,200.532m,200.529m,200.550m,200.537m,试求其结果的最或是值、第二次测量中误差、最或是值中误差及其相对中误差。

12.用 J6 型经纬仪观测一水平角 6 测回,其观测值分别为 $75°25'18''$,$75°25'36''$,$75°25'24''$,$75°25'24''$,$75°25'12''$,$75°25'18''$,试求该水平角的最或是值、最或是值的中误差及观测 1 测回的中误差。

# 第六章　小地区控制测量

## 第一节　控制测量概述

控制测量分为平面控制测量和高程控制测量,测定控制点平面位置的工作称为平面控制测量,采用的主要测量方法是导线测量、三角测量和交会测量。测定控制点高程的工作称为高程控制测量,采用的主要方法是水准测量和三角高程测量。

**一、国家基本控制网**

精确的地形图对于国家管理和祖国天然资源的开发都是必要的,要将全中国的领土统一绘制成图,控制点的布设方法非常重要。为了在国家领土上建立必要密度的测量控制点网,就必须布设相当数量的控制点。为了达到以最少的时间和费用充分精密地测定最多数目控制点的要求,必须遵循由整体过渡到局部的原则,采用分级布设的方法才能达到目的。我国的平面控制测量是以三角测量的方式分级布设的,按照精度的不同,分为一等三角测量、二等三角测量、三等三角测量和四等三角测量,由高级向低级逐步建立。我国的高程控制测量是以水准测量的方式分级布设的,按照精度的不同,分为一等水准测量、二等水准测量、三等水准测量和四等水准测量,也是由高级向低级逐步建立的。

1. 平面控制测量

(1)三角测量　是将控制点连接成一系列三角形(见图 6-1),观测每个三角形的内角,并测定其中一条边的边长,然后根据正弦定理推算各边边长,再依据起算边两端点的坐标计算出各控制点的坐标。这些控制点称为三角点,各三角形联成锁状的称三角锁,构成网状的称三角网。

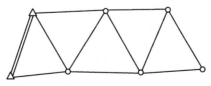

图 6-1　三角测量

(2)导线测量　是将控制点连接成折线(见图 6-2),测定每边边长和转折角,再依据起算边两端点的坐标计算出各控制点的坐标。这些控制点称为导线点,各导线点联成线状的称单一导线,构成网状的称导线网。

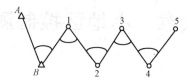

图 6-2  导线测量

我国的平面控制测量采用的控制形式是三角测量,由于我国幅员辽阔,故不能采用全面布网的方案,而是采用由高级到低级、由整体到局部的原则,即是先建立高精度的三角锁,然后补充精度较低的三角网,逐级控制,这样把国家三角测量分为一、二、三、四等。一等沿经线或纬线布设成纵横交错的三角锁,二等以三角网形式补充在一等锁里面(见图 6-3),三、四等以插网或插点的形式加密在一、二等锁(网)里面(见图 6-4)。一等锁精度最高,它除了作二、三、四等三角网的控制外,同时为研究地球的形状和大小提供资料;二等三角网作为三、四等三角网的基础,三、四等三角网供测图时进一步加密控制用。

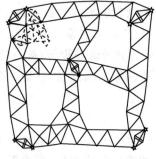

图 6-3  一、二等三角网

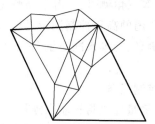

图 6-4  三等三角网

### 2.高程控制测量

国家基本高程控制是用水准测量的方法建立的,按精度不同分为一、二、三、四等水准测量,一等水准测量精度最高,是国家高程控制的骨干。一等水准测量是在全国范围内布设成环行水准网,二等水准测量是在一等水准环内布设成附合路线,三、四等水准测量以附合路线形式加密水准点。一、二等水准测量主要用于科学研究,同时作为三、四等水准测量的起算依据;三、四等水准测量主要用于工程建设和地形测图的高程起算点。

**二、图根控制测量**

为了测绘大比例尺地形图,需要在测区布设大量的控制点,这些为测图而布设的控制点,称为图根控制点。图根平面控制可以根据测区内的已知高级控制点用三角锁、经纬仪导线、光电导线或交会测量的形式进行加密,高程可以用等外水准测量或三角高程测量的方法测定。如果测区内没有已知点,则应布设独立的小三角测量或导线测量作为首级控制,其起始点坐标可以假定,起始边方位角用罗盘仪测定,或者测定其天文方位角。然后在此基础上按需要加密图根点。

作为地形控制的小三角测量,可根据边长情况分为一级小三角测量、二级小三角测量和图根三角测量。地形控制也可以采用导线测量,相应的也分为一级导线、二级导线和图根导线测量。其主要技术要求见表6-1、表6-2。

表6-1　小三角测量技术参数

| 等级 | 平均边长 (km) | 测角 中误差 (″) | 起始边边长 相对中误差 | 最弱边边长 相对中误差 | 测回数 | | 三角形最大 闭合差 (″) |
|---|---|---|---|---|---|---|---|
| | | | | | DJ6 | DJ2 | |
| 一级 | 1 | 5 | 1/40000 | 1/20000 | 6 | 2 | 15 |
| 二级 | 0.5 | 10 | 1/20000 | 1/10000 | 3 | 1 | 30 |
| 图根 三角 | 小于测图 最大视距 的1.7倍 | 20 | 1/10000 | 1/5000 | 1 | | 60 |

表6-2　图根导线测量技术参数

| 等级 | 附合导线 长度 (km) | 测角 中误差 (″) | 往返测边长 相对误差 | 相对闭合差 | 测回数 | | 方位角 闭合差 (″) |
|---|---|---|---|---|---|---|---|
| | | | | | DJ6 | DJ2 | |
| 一级 | 2.4 | 6 | 1/10000 | 1/10000 | 4 | 2 | 15 |
| 二级 | 1.2 | 12 | 1/5000 | 1/5000 | 2 | 1 | 30 |
| 图根 导线 | 小于$Mm$ ($M$为比例尺 分母) | 40 | 1/3000 | 1/3000 | 1 | | 60 |

# 第二节 导线测量

导线测量是平面控制测量常用的一种布设形式。导线边的边长可用钢尺丈量、电磁波测距或光学视距测量等方法测定;相邻两导线边之间的水平角称为转折角,用经纬仪测定。测定转折角和边长之后,即可根据已知的方位角和起点坐标算出各导线点的坐标。

常用的导线有以下几种形式:

(1)附合导线 导线从一个已知点开始,终止于另一个已知点(见图6-5)。

(2)闭合导线 由一个已知点出发,最后仍旧回到这一点(见图6-6)。

(3)支导线 从一个已知点出发,自由延伸而成。支导线没有检核条件,不易发现错误,故一般不采用(见图6-7)。

(4)单结点导线 从三个或更多的已知点开始,几条导线汇合于一个结点(见图6-8)。

(5)两个以上结点或两个以上闭合环的导线网 图6-9为两个结点($E$、$F$)的导线网;图6-10为四个闭合环的导线网。

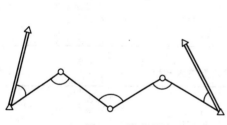

图6-5 附合导线

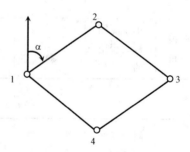

图6-6 闭合导线

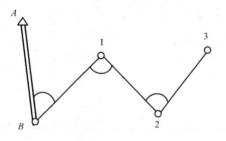

图6-7 支导线

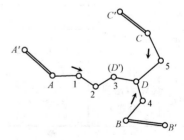

图6-8 单结点导线

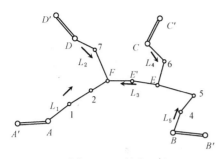

图 6-9　双结点导线

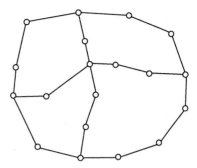

图 6-10　四个闭合环的导线网

导线测量的主要优点是布置起来方便、灵活,在平坦而荫蔽的地区以及城市和建筑区,布设导线具有很大的优越性。但是导线测量也存在一些缺点,其中比较突出的就是量距工作十分繁重。然而随着光电测距仪的普及,量距工作已变得轻松快捷,现在导线测量被广泛应用于各种测量中。

**一、导线测量的外业工作**

导线测量的外业包括选点、测角和量距。首先对测区进行野外踏勘,了解测区的位置、范围和地形条件,收集测区的国家控制点资料和地形图资料,然后根据资料在室内设计导线布设方案。经讨论修改之后,即可到实地选定各点的位置并进行测量。对于小地区测图,可以到实地直接选定导线测量的路线和点位。

1. 选点

选点时要注意满足下列条件:

(1)导线点应选在地势较高、视野开阔、便于安置仪器的地方。

(2)相邻导线点应互相通视(如果是钢尺量距要求相邻点间地面坡度比较均匀)。

(3)导线点应均布测区,且相邻导线边长不宜相差过大。

导线点位置选好后,要在地面上标定下来。一般方法是打一木桩并在桩顶中心钉一小铁钉。对于需要长期保存的导线点,则应埋入石桩或混凝土桩,桩顶刻凿"十"字或铸入锯有"十"字的钢筋。

2. 测角

导线中两相邻导线边所夹的水平角称为导线的转折角。对单一导线而言,导线的转折角分左转折角和右转折角。沿着导线前进的方向,位于左边的转折角称为左转折角;反之为右转折角。同一导线点上左、右转折角之和应等于 $360°$。导线转折角的测量可视其需要观测左、右转折角均可。如对转折角进行多个测回观测时,应左、右转折角各测一半的测回数。测角的方法应根据具体情况而定。当导线点上只有两个观测方向时,可用测回法观测;当一个导线点上的观测方向超过两个时,应采用方向观测法。

测角要求见表 6-2。

3.量距

导线边通常用量距工具直接量取。可用钢卷尺丈量、光电测距或视距测量等方法测定。这些方法的选用,应根据导线所要求的精度、作业地区的条件以及仪器设备情况而定。边长要进行往返测,精度要求见表 6-2。

**二、导线测量的内业计算**

导线测量的目的是要获得各控制点的平面直角坐标。外业完成后,应根据已知点的坐标和外业观测数据计算出导线点的坐标。坐标计算之前,先检查外业记录和计算是否正确,观测成果是否符合精度要求。检查无误后,绘制导线略图,将观测成果整理后填入略图中。

1.坐标计算原理

如图 6-11 所示,已知 $A$ 点坐标$(x_A,y_A)$、边长 $D_{AB}$ 和坐标方位角 $\alpha_{AB}$,计算 $B$ 点坐标,由图可知

$$\left.\begin{array}{l}x_B = x_A + \Delta x_{AB} \\ y_B = y_A + \Delta y_{AB}\end{array}\right\} \qquad (6-1)$$

$$\left.\begin{array}{l}\Delta x_{AB} = D_{AB} \cdot \cos\alpha_{AB} \\ \Delta y_{AB} = D_{AB} \cdot \sin\alpha_{AB}\end{array}\right\} \qquad (6-2)$$

所以式(6-1)又可写成

$$\left.\begin{array}{l}x_B = x_A + D_{AB} \cdot \cos\alpha_{AB} \\ y_B = y_A + D_{AB} \cdot \sin\alpha_{AB}\end{array}\right\} \qquad (6-3)$$

式中 $\Delta x_{AB}$ 和 $\Delta y_{AB}$ 称为坐标增量。

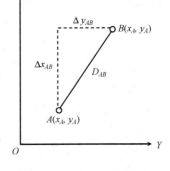

图 6-11　坐标计算原理

2.闭合导线坐标计算(如表 6-3)

有闭合导线如图 6-12 所示,外业测定了导线边长及转折角,它的坐标计算过程如下:

(1)角度闭合差的调整　闭合导线内角理论值为:

$$\sum \beta_{理} = (n-2) \times 180° \qquad (6-4)$$

但由于测量误差的存在,

$$f_\beta = \sum \beta_{测} - \sum \beta_{理} \qquad (6-5)$$

式中 $\sum \beta_{测}$ 为内角观测值总和;$\sum \beta_{理}$ 为闭合导线内角理论值;$f_\beta$ 为角度闭合差。

角度闭合差的容许误差:

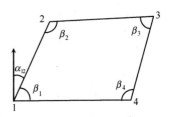

图 6-12　闭合导线计算

表 6-3　闭合导线坐标计算表

| 点号 | 角度观测值 (° ′ ″) | 改正后角值 (° ′ ″) | 坐标方位角 (° ′ ″) | 边长 (m) | 增量 Δx(m) 计算值 | 改正数 | 改正后值 | 增量 Δy(m) 计算值 | 改正数 | 改正后值 | 坐标(m) X | 坐标(m) Y |
|---|---|---|---|---|---|---|---|---|---|---|---|---|
| 1 | +7<br>137 42 12 | 137 42 19 | 30 15 30 | 90.321 | 78.016 | −0.026 | 77.990 | 45.513 | −0.013 | 45.500 | 500.000 | 500.000 |
| 2 | +8<br>92 40 30 | 92 40 38 | 117 34 52 | 47.043 | −21.781 | −0.014 | −21.795 | 41.697 | −0.007 | 41.690 | 577.990 | 545.500 |
| 3 | +8<br>87 23 09 | 87 23 17 | 210 11 35 | 114.248 | −124.679 | −0.041 | −124.720 | −72.545 | −0.020 | −72.565 | 556.195 | 587.190 |
| 4 | +7<br>42 13 39 | 42 13 46 | 347 57 49 | 70.086 | 68.545 | −0.020 | 68.525 | −14.615 | −0.010 | −14.625 | 431.475 | 514.625 |
| 1 | | | | | | | | | | | 500.000 | 500.000 |
| Σ | 359 59 30 | 360 00 00 | | 351.698 | +0.101 | −0.101 | 0.000 | +0.050 | −0.050 | +0.000 | | |

$$f_{\beta容} = \pm 40'' \sqrt{n} \tag{6-6}$$

式中 $n$ 为内角数。

当 $|f_\beta| \leqslant |f_{\beta容}|$ 时，将 $f_\beta$ 反号后平均分配给各内角，若有余差，则将余差分入短边的邻角：

$$v_\beta = -\frac{f_\beta}{n} \tag{6-7}$$

(2)坐标方位角的推算　各导线边的坐标方位角，是根据导线起始边的方位角和平差后的内角来计算的，如图 6-12 所示，$\alpha_{12}$ 为已知方位角，$\beta_{i右}$ 为导线的右转折角，其余导线边的方位角推算如下：

$$\left.\begin{array}{l}\alpha_{23} = \alpha_{12} - \beta_{2右} + 180° \\ \alpha_{34} = \alpha_{23} - \beta_{3右} + 180° \\ \alpha_{41} = \alpha_{34} - \beta_{4右} + 180° \\ \alpha_{12} = \alpha_{41} - \beta_{1右} + 180°\end{array}\right\}$$

则有规律：

$$\alpha_{i,i+1} = \alpha_{i,i-1} - \beta_{i右} + 180° \tag{6-8}$$

同理，如果测的是左转折角，则有

$$\alpha_{i,i+1} = \alpha_{i-1,i} + \alpha_{i左} - 180° \tag{6-9}$$

式中 $\alpha$ 为坐标方位角；$n$ 为点号；$\beta_{i左}$ 为左转折角；$\beta_{i右}$ 为右转折角。

在应用式(6-8)及式(6-9)时，计算结果如果大于 $360°$，应减 $360°$；如果是负数，应加上 $360°$。

(3)坐标增量的计算　如图 6-13，根据式(6-2)，$i$ 点和 $i+1$ 点间的坐标增量为

$$\left.\begin{array}{l}\Delta x_{i,i+1} = D_{i,i+1} \cdot \cos\alpha_{i,i+1} \\ \Delta y_{i,i+1} = D_{i,i+1} \cdot \sin\alpha_{i,i+1}\end{array}\right\} \tag{6-10}$$

(4)坐标增量闭合差的计算和平差　理论上：

$$\left.\begin{array}{l}\sum \Delta x_{理} = 0 \\ \sum \Delta y_{理} = 0\end{array}\right\}$$

但由于测量误差的存在，

$$\left.\begin{array}{l}\sum \Delta x = f_x \\ \sum \Delta y = f_y\end{array}\right\} \tag{6-11}$$

式中 $f_x$ 为纵坐标闭合差；$f_y$ 为横坐标闭合差。

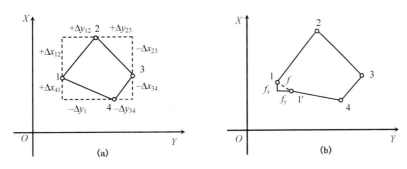

图 6-13　坐标增量计算

（a）坐标增量计算　（b）闭合差计算

导线的全长闭合差 $f_D$ 为：

$$f_D = \pm \sqrt{f_x{}^2 + f_y{}^2} \qquad (6\text{-}12)$$

导线的全长相对闭合差为：

$$K = \frac{f_D}{\sum D} = \frac{1}{\sum D / f_D} \qquad (6\text{-}13)$$

经纬仪导线测量规定全长相对闭合差要小于 1/3000。

如果相对闭合差超限，应检查手簿的记录和全部计算，倘若还不能发现错误所在，则应到现场检查或重测；若相对闭合差在容许范围内，则可以进行纵、横坐标闭合差分配，分配方法是将 $f_x$ 和 $f_y$ 反号，按与边长成正比的原则，分配到各坐标增量中。

$$
\left.
\begin{aligned}
v_{\Delta x_{i,i+1}} &= -\frac{f_x}{\sum D} \cdot D_{i,i+1} \\
v_{\Delta y_{i,i+1}} &= -\frac{f_y}{\sum D} \cdot D_{i,i+1}
\end{aligned}
\right\} \qquad (6\text{-}14)
$$

式中 $v_{\Delta x_{i,i+1}}$ 为纵坐标增量改正数；$v_{\Delta y_{i,i+1}}$ 为横坐标增量改正数。

$$
\left.
\begin{aligned}
\Delta \hat{x}_{i,i+1} &= \Delta x_{i,i+1} + v_{\Delta x_{i,i+1}} \\
\Delta \hat{y}_{i,i+1} &= \Delta y_{i,i+1} + v_{\Delta y_{i,i+1}}
\end{aligned}
\right\} \qquad (6\text{-}15)
$$

（5）导线点的坐标计算　导线各边坐标增量改正后，即可依次计算各导线点的坐标，

$$
\left.
\begin{aligned}
x_{i+1} &= x_i + \Delta \hat{x}_{i,i+1} \\
y_{i+1} &= y_i + \Delta \hat{y}_{i,i+1}
\end{aligned}
\right\} \qquad (6\text{-}16)
$$

最后计算出的起点坐标应与原有的坐标一致，否则说明计算过程中有错误。

**例:**闭合导线计算。如表 6-3 所示,已知 1 点的坐标为(500.000 m,500.000 m),又 1-2 边的坐标方位角 $\alpha_{12}=30°15'30''$;观测角为:$\beta_1=137°42'12''$,$\beta_2=92°40'30''$,$\beta_3=87°23'09''$,$\beta_4=42°13'39''$,测得各导线边的边长为:$D_{12}=90.321$ m,$D_{23}=47.043$ m,$D_{34}=144.248$ m,$D_{41}=70.086$ m。请计算各点的坐标。

$$f_\beta = 359°59'30'' - 360° = -30''$$

$$f_{\beta_容} = \pm 40'' \sqrt{4} = \pm 80''$$

$$f_D = \pm \sqrt{f_x^2 + f_y^2} = 0.113$$

$$K = \frac{f}{\sum D} = \frac{1}{3112}$$

**3.附合导线的坐标计算**(如表 6-4)

附合导线的计算方法,基本上与闭合导线相同,只是计算角度闭合差和坐标闭合差的公式有差别。

**(1)角度闭合差的计算和调整**　图 6-14 为一附合导线,$A$、$B$、$C$、$D$ 为已知控制点,其坐标已知。根据已知点坐标可计算出已知边 $AB$ 的坐标方位角:

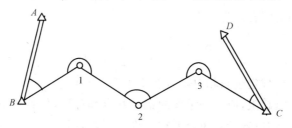

图 6-14　附合导线

$$\tan\alpha_{AB} = \frac{y_B - y_A}{x_B - x_A} \Rightarrow \alpha_{AB} = \tan^{-1}\frac{y_B - y_A}{x_B - x_A} \tag{6-17}$$

同理可以计算出 $CD$ 边的坐标方位角 $\alpha_{CD}$。

从图中可以推导出各边的坐标方位角公式:

$$\alpha_{B1} = \alpha_{AB} + \beta_B - 180°$$

$$\alpha_{12} = \alpha_{B1} + \beta_1 - 180°$$

$$\cdots\cdots\cdots\cdots\cdots\cdots$$

$$\alpha'_{CD} = \alpha_{3C} + \beta_C - 180°$$

将上式相加并整理后得:

$$\alpha'_{CD} = \alpha_{AB} + \sum\beta - n \cdot 180° \tag{6-18}$$

式中 $\alpha$ 为坐标方位角;$n$ 为转折角个数;$\beta$ 为左转折角。

理论上,$\alpha'_{CD理} = \alpha_{CD}$,但由于测角误差的存在,它们之间有一个角度闭合差

$$f_\beta = \alpha'_{CD} - \alpha_{CD} \tag{6-19}$$

表 6-4 附合导线坐标计算表

计算者：万红　　检查者：王平

| 点号 | 角度观测值<br>(° ′ ″) | 改正数<br>(″) | 改正后角值<br>(° ′ ″) | 方位角<br>(° ′ ″) | 边长<br>(m) | 坐标增量计算 | | | | | | 纵坐标<br>(m) | 横坐标<br>(m) |
|---|---|---|---|---|---|---|---|---|---|---|---|---|---|
| | | | | | | 计算值<br>(m) | 改正数<br>(m) | 改正后计算值<br>(m) | 计算值<br>(m) | 改正数<br>(m) | 改正后计算值<br>(m) | | |
| A | | | | 224 03 00 | | | | | | | | 843.40 | 1264.29 |
| B | 114 17 00 | -6 | 114 16 54 | 158 19 24 | 82.17 | -76.36 | 0.00 | -76.36 | +30.34 | +0.01 | +30.35 | 640.93 | 1068.44 |
| 1 | 146 59 30 | -6 | 146 59 24 | 125 19 18 | 77.28 | -44.68 | 0.00 | -44.68 | +63.05 | +0.01 | +63.06 | 564.57 | 1098.79 |
| 2 | 135 11 30 | -6 | 135 11 24 | 80 30 42 | 89.64 | +14.78 | -0.01 | +14.77 | +88.41 | +0.02 | +88.43 | 519.89 | 1161.85 |
| 3 | 145 38 30 | -6 | 145 38 24 | 46 09 06 | 70.84 | +55.31 | 0.00 | +53.31 | +57.58 | +0.01 | +57.59 | 534.66 | 1250.28 |
| C | 158 00 00 | -6 | 157 59 54 | 24 09 00 | | | | | | | | 589.97 | 1307.87 |
| D | | | | | | | | | | | | 793.61 | 1399.19 |
| Σ | 700 06 30 | -30 | 700 06 00 | | 328.93 | -50.95 | -0.01 | -50.96 | 239.38 | 0.05 | 239.43 | | |

95

将(6-18)式代入(6-19)式

$$f_\beta = (\alpha_{AB} - \alpha_{CD}) + \sum \beta - n \cdot 180°$$ (6-20)

角度闭合差的容许误差同式(6-6)。

当 $|f_\beta| \leqslant |f_{\beta容}|$ 时,将 $f_\beta$ 反号后平均分配给各转折角,分配时保留至秒。若有余差,则将余差分入短边的邻角。

(2)坐标方位角的推算　根据起始边的坐标方位角和调整后的转折角,即可计算各边的方位角。

(3)坐标增量的计算　根据各边边长和方位角,用式(6-2)计算各边坐标增量。

(4)坐标增量闭合差的计算和平差　理论上,

$$\left.\begin{array}{l} \sum \Delta x_理 = x_C - x_B \\ \sum \Delta y_理 = y_C - y_B \end{array}\right\}$$

但由于测量误差的存在,分别有闭合差 $f_x$ 和 $f_y$:

$$\left.\begin{array}{l} f_x = \sum \Delta x - (x_C - x_B) \\ f_y = \sum \Delta y - (y_C - y_B) \end{array}\right\}$$ (6-21)

计算全长闭合差和全长相对闭合差的方法和平差方法,与闭合导线相同。

(5)坐标计算　与闭合导线相同,只是最后推算出的是 $C$ 点坐标。

例:附合导线计算。

$$\alpha'_{CD} = 224°03' + 700°06'30'' - 5 \times 180° = 24°09'30''$$

$$f_\beta = \alpha'_{CD} - \alpha_{CD} = +30'',$$

$$f_x = \sum \Delta x_测 - (x_C - x_B) = +0.01,$$

$$f_y = \sum \Delta y_测 - (y_C - y_B) = -0.05$$

$$f_D = \pm \sqrt{f_x^2 + f_y^2} = 0.05, K = \frac{f_D}{\sum D} = \frac{1}{6600}$$

**4. 无定向导线的坐标计算**

如图 6-15 所示, $A$, $B$ 两个控制点的坐标已知,但不通视,在它们之间布设了导线点 1,2,3,通过观测转折角和边长,也可以计算出各导线点的坐标。

(1)根据假定起始边方位角计算 $B'$ 点的坐标　计算时一般先假设起始边 $A1$ 的坐标方位角为 $\alpha'_{A1}$,由导线的转折角 $\beta_i$ 按式(6-8)推算出各边的假定方位角 $\alpha'_{i,i+1}$,再按

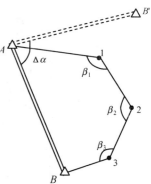

图 6-15　无定向导线

各边的观测边长和假定方位角推算各边的假定坐标增量和各点的假定坐标,直至推出 $B$ 点的假定坐标 $B'(x_{B'}, y_{B'})$。

(2)计算真假闭合边的方位角 假定坐标方位角

$$\alpha_{AB'} = \tan^{-1}\frac{y_{B'} - y_A}{x_{B'} - x_A} \tag{6-21}$$

同理,根据 $A$、$B$ 两点的已知坐标计算闭合边 $AB$ 的真边长 $D_{AB}$ 和真方位角 $\alpha_{AB}$。

(3)计算真假闭合边的方位角差 方位角差 $\Delta\alpha$:

$$\Delta\alpha = \alpha_{AB} - \alpha_{AB'} \tag{6-22}$$

(4)推算各边的方位角

$$\alpha_{i,i+1} = \alpha'_{i,i+1} + \Delta\alpha \tag{6-23}$$

(5)计算导线坐标 按照附合导线坐标计算的方法计算各点坐标。

例:已知无定向导线的坐标和观测值如下:$A(754.707\ \text{m}, 554.723\ \text{m})$, $B(569.094\ \text{m}, 564.786\ \text{m})$,测得:$D_{A1} = 81.845\ \text{m}$, $D_{12} = 45.410\ \text{m}$, $D_{23} = 47.232\ \text{m}$, $D_{3B} = 18.879\ \text{m}$, $\beta_1 = 179°13'48''$, $\beta_2 = 145°05'48''$, $\beta_3 = 225°39'12''$(计算见表6-5、表6-6)。

表6-5 无定向导线假定坐标计算表

| 点号 | 转折角值<br>(° ′ ″) | 假定坐标方位角<br>(° ′ ″) | 边长<br>(m) | $\Delta X$<br>(m) | $\Delta Y$<br>(m) | $X$<br>(m) | $Y$<br>(m) |
|---|---|---|---|---|---|---|---|
| $A$ | | 30 00 00 | 81.845 | 70.880 | 40.922 | 754.707 | 554.723 |
| 1 | 179 13 48 | 30 46 12 | 45.410 | 39.018 | 23.231 | 825.587 | 595.645 |
| 2 | 145 05 48 | 65 40 24 | 47.232 | 19.457 | 43.038 | 864.605 | 618.876 |
| 3 | 225 39 12 | 20 01 12 | 18.879 | 17.738 | 6.463 | 884.062 | 661.914 |
| $B$ | | | | | | 901.800 | 618.377 |

假定 $A1$ 边的坐标方位角 $\alpha'_{A1} = 30°00'00''$    $\alpha_{AB} = 176°53'48''$ $\alpha_{AB'} = 37°41'32''$

$\Delta\alpha = 139°12'16''$

表 6-6 无定向导线坐标计算表

| 点号 | 假定坐标方位角 (° ′ ″) | 坐标方位角 (° ′ ″) | 边长 (m) | ΔX (m) 计算值 | ΔX 改正数 | ΔX 改正值 | ΔY (m) 计算值 | ΔY 改正数 | ΔY 改正值 | X (m) | Y (m) |
|---|---|---|---|---|---|---|---|---|---|---|---|
| A | 30 00 00 | 169 12 16 | 81.845 | −80.396 | 0.000 | −80.396 | 15.330 | +0.001 | 15.331 | 754.707 | 554.723 |
| 1 | 30 46 12 | 169 58 28 | 45.410 | −44.717 | 0.000 | −44.717 | 7.905 | 0.000 | 7.905 | 674.311 | 570.054 |
| 2 | 65 40 24 | 204 52 40 | 47.232 | −42.849 | 0.000 | −42.849 | −19.870 | +0.001 | −19.869 | 629.594 | 577.959 |
| 3 | 20 01 12 | 159 13 28 | 18.879 | −17.651 | 0.000 | −17.651 | 6.696 | 0.000 | 0.696 | 586.745 | 558.090 |
| B | | | | | | | | | | 569.094 | 564.786 |
| ∑ | | | 193.366 | −185.613 | 0 | −185.613 | 10.061 | +0.002 | 10.063 | | |

$$f_x = \sum \Delta X - (X_B - X_A) = -186.613 - (-186.613) = 0$$

$$f_y = \sum \Delta Y - (Y_B - Y_A) = 10.061 - 10.063 = -0.002 \text{ m}$$

$$f = \pm\sqrt{f_x^2 + f_y^2} = \pm 0.002 \text{ m} \qquad K = \frac{f}{\sum D} = \frac{0.002}{193.366} = \frac{1}{96683}$$

# 第三节 交会测量

交会测量也是控制点布设的一种形式,当需要的控制点不多时,可以采用这种布设形式。它是通过观测水平角,利用已知点坐标来求得待定点坐标的方法。常采用的方法是前方交会、侧方交会和后方交会。

**一、前方交会**

如图 6-16,在三角形 $ABP$ 中,已知点 $A$、$B$ 的坐标为 $(x_A,y_A)$ 和 $(x_B,y_B)$。为得到 $P$ 点坐标,测得水平角 $A$、$B$,可根据 $AB$ 边边长 $D_{AB}$,利用正弦定理推算出 $AP$ 边边长,再推算出 $AP$ 边的坐标方位角即可解算出未知点 $P$ 的坐标 $(x_P,y_P)$,这是前方交会的基本概念。

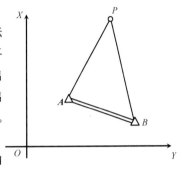

图 6-16 前方交会

1.计算已知边方位角、边长

根据式(6-17)可以计算出 $AB$ 边的坐标方位角 $\alpha_{AB}$。边长 $D_{AB}$ 可根据下式计算:

$$D_{AB} = \sqrt{(x_B - x_A)^2 + (y_B - y_A)^2}$$

2.计算未知边边长和方位角

$$\left.\begin{array}{l} D_{AP} = D_{AB} \dfrac{\sin B}{\sin(180° - A - B)} \\[4mm] D_{BP} = D_{AB} \dfrac{\sin A}{\sin(180° - A - B)} \end{array}\right\} \qquad (6\text{-}24)$$

$$\left.\begin{array}{l} \alpha_{AP} = \alpha_{AB} - A \\[2mm] \alpha_{BP} = \alpha_{BA} + B \end{array}\right\} \qquad (6\text{-}25)$$

3.计算未知点坐标

由 $A$ 点推算 $P$ 点:

$$\left.\begin{array}{l} \Delta x_{AP} = D_{AP}\cos\alpha_{AP} \\[2mm] \Delta y_{AP} = D_{AP}\sin\alpha_{AP} \end{array}\right\}$$

$$\left.\begin{array}{l} x_P = x_A + \Delta x_{AP} \\[2mm] y_P = y_A + \Delta y_{AP} \end{array}\right\}$$

同理也可以从 $B$ 点计算出 $P$ 点坐标,并与前面算出的坐标核对。但是这次计算只能发现计算中有无错误,不能发现角度测错及已知点用错等错误,也不能提高计算成果的精度。为了避免外业观测发生错误,并提高未知点坐标 $P$ 的精度,在测量规范中要求布设有三个起始点的前方交会。如图 6-17 所示,这时在 $A,B,C$ 三个已知点向 $P$ 点观测,测出了 4 个角值:$\angle\alpha_1$,$\angle\beta_1$,$\angle\alpha_2$,$\angle\beta_2$,分两组计算 $P$ 点坐标。计算时可按 $\triangle ABP$ 求 $P$ 点坐标($x'_p$,$y'_p$),再按 $\triangle BCP$ 求 $P$ 点坐标($x''_p$,$y''_p$)。当这两组坐标的较差在容许限差内,则取它们的平均值作为 $P$ 点的最后坐标。测量规范规定:两组算得的点位较差不大于两倍比例尺精度,用公式表示为:

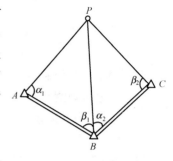

图 6-17 前方交会

$$\Delta D = \sqrt{\delta x^2 + \delta y^2} \leqslant 2\times 0.1M(\text{mm})$$

式中 $\delta x = x'_P - x''_P$,$\delta y = y'_P - y''_P$;$M$ 为测图比例尺分母。

例:如图 6-17 所示,已知 $A(188.41\ \text{m},234.13\ \text{m})$,$B(55.54\ \text{m},473.58\ \text{m})$,$C(217.48,611.81\ \text{m})$,测得

$$\begin{cases} \alpha_1 = 85°13'24'', & \beta_1 = 46°48'12'', \\ \alpha_2 = 80°28'54'', & \beta_2 = 67°13'06'', \end{cases}$$

请计算 $P$ 点坐标。

计算见表 6-7。

表 6-7 前方交会坐标计算表

| 点号 | 角度值<br>(° ′ ″) | 边长<br>(m) | 方位角<br>(° ′ ″) | X<br>(m) | Y<br>(m) | 备注 |
|---|---|---|---|---|---|---|
| $A$ | 85 13 24 | $D_{AB}=273.844$ | 119 01 33 | 188.41 | 234.13 | |
| $B$ | 46 48 12 | $D_{AP}=268.747$ | 33 48 09 | 55.54 | 473.58 | 左边三角形 |
| $P$ | 47 58 24 | $D_{BP}=367.368$ | 345 49 45 | 411.73 | 383.64 | |
| $B$ | 54 39 18 | $D_{BC}=212.913$ | 40 29 03 | 55.54 | 473.58 | |
| $C$ | 89 55 18 | $D_{CP}=299.630$ | 310 24 32 | 217.48 | 611.81 | 右边三角形 |
| $P$ | 35 25 24 | $D_{BP}=367.336$ | 345 49 45 | 411.70 | 383.66 | |

平均值: $X_P = 411.72\ \text{m}$　　$Y_P = 383.65\ \text{m}$

## 二、侧方交会

如图 6-18 所示,将已知点 $A$ 和待定点 $P$ 作为测站,观测水平角 $\alpha,\gamma,\varepsilon$,根据已知点 $A,B,C$ 的坐标即可解算出 $P$ 点坐标。这种在待定点和一个已知点上测角,从而计算出待定点坐标的方法称为侧方交会。

在计算 $P$ 点坐标时,先计算出 $\beta$,这样就可以用前方交会的计算公式进行计算。

$$\beta = 180° - \alpha - \gamma$$

侧方交会与前方交会的检查方法不同,一般采用检查角的方法进行检查,即在 $P$ 点向另一个已知点 $C$ 观测检查角 $\varepsilon_测$,如果计算的 $P$ 点坐标正确,则:

$$\varepsilon_测 = \varepsilon_算$$

式中 $\varepsilon_算 = \alpha_{PB} - \alpha_{PC}$。

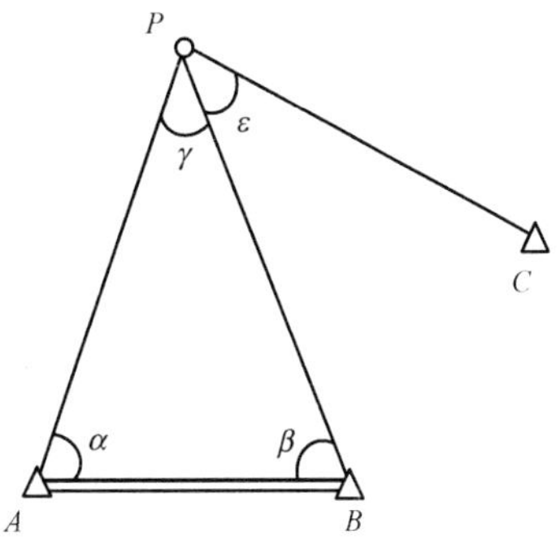

但由于测量误差的存在,计算值与观测值之间有较差:

$$\Delta\varepsilon = \varepsilon_算 - \varepsilon_测 \tag{6-26}$$

用 $\Delta\varepsilon$ 及 $D_{PC}$ 可以算出 $P$ 点的横向位移 $e$ :

$$e = \frac{D_{PC} \cdot \Delta\varepsilon''}{\rho''} \quad 即 \quad \Delta\varepsilon'' = \frac{e}{D_{PC}}\rho''$$

测量规范规定最大的横向位移 $e_容$ 不大于比例尺精度的两倍,即

$$e_容 \leqslant 2 \times 0.1M\text{mm}$$

所以 $e_容$ 所相应的圆心角 $\Delta\varepsilon''_容$ 为:

$$\Delta\varepsilon''_容 \leqslant \frac{0.2M}{D_{PC}}\rho'' \tag{6-27}$$

式中 $D_{PC}$ 以毫米为单位;$M$ 为测图比例尺的分母,求出的 $\Delta\varepsilon$ 的单位是秒。从上式可以看出,当边长 $D_{PC}$ 太短时 $\Delta''\varepsilon_容$ 会过大。所以对检核边的长度应作适当限制,不宜太短。

例: $D_{PC} = 1000$ m,测图比例尺为 1:2000 时,

$$\Delta\varepsilon_容 = \frac{0.2 \times 2000}{1000000} \times 206265 = 82''$$

图 6-18　侧方交会

### 三、后方交会

后方交会的图形如图 6-19。它的特点是仅在未知点 $P$ 上设站,向 3 个已知点 $A$,$B$,$C$ 进行观测,测得水平角 $\alpha,\beta,\gamma$。然后根据 $A,B,C$ 3点的坐标计算 $P$ 点坐标。

1. 后方交会的计算

后方交会计算的方法很多,在此对图 6-19(a)、(b)两种情况各介绍一种计算方法。

(1)$P$ 点在三个已知点所构成的三角形之外(如图 6-24(a))

①引入辅助量 $a,b,c,d$ 为:

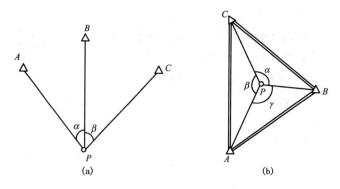

图 6-19  后方交会的两种情况

$$a = (x_A - x_C) + (y_A - y_C)\text{ctg}\alpha$$
$$b = (y_A - y_C) - (x_A - x_C)\text{ctg}\alpha$$
$$c = (x_B - x_C) - (y_B - y_C)\text{ctg}\beta \qquad\qquad (6\text{-}28)$$
$$d = (y_B - y_C) + (x_B - x_C)\text{ctg}\beta$$
$$k = \frac{c - a}{b - d}$$

②计算坐标增量

$$\Delta x_{CP} = \frac{a + b \cdot k}{1 + k^2} \quad 或 \quad \Delta x_{CP} = \frac{c + d \cdot k}{1 + k^2}$$
$$\Delta y_{CP} = \Delta x_{CP} \cdot k \qquad\qquad (6\text{-}29)$$

③计算未知点的坐标

$$x_P = x_C + \Delta x_{CP}$$
$$y_P = y_C + \Delta y_{CP} \qquad\qquad (6\text{-}30)$$

应用上述公式时,必须按规定编号:未知点的点号为 $P$,计算者立于 $P$ 点,面向三个已知点,中间点编号为 $C$,而左边的已知点为 $A$,右边的已知点为 $B$。

(2)当交会点 $P$ 在已知点所构成的三角形以内时(如图 6-24(b))

$$x_P = \frac{P_A x_A + P_B x_B + P_C x_C}{P_A + P_B + P_C}$$
$$y_P = \frac{P_A y_A + P_B y_B + P_C y_C}{P_A + P_B + P_C} \qquad\qquad (6\text{-}31)$$

式中

$$P_A = \frac{1}{\text{ctg}A - \text{ctg}\alpha}$$

$$P_B = \frac{1}{\operatorname{ctg}B - \operatorname{ctg}\beta}$$

$$P_C = \frac{1}{\operatorname{ctg}C - \operatorname{ctg}\gamma}$$

$A,B,C$ 为已知点组成的固定角。

2. 未知点 $P$ 的检查

如图 6-20 所示,为了检查 $P$ 点的精度,常在未知点 $P$ 上观测 4 个已知点,选择 3 个已知点按照后方交会计算的方法算出 $P$ 点坐标,对第 4 个已知点 $D$ 所观测的 $\varepsilon$ 角,则作为检核之用,检核的方法与侧方交会计算中的检核方法相同。

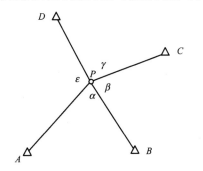

图 6-20　后方交会精度的检查

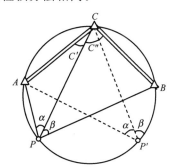

图 6-21　危险圆

注意:当 $P$ 点正好选在通过已知点 $A,B,C$ 的圆周上时,则 $P$ 点无论位于圆周上任何位置,所测得的 $\alpha,\beta$ 角值皆不变(见图 6-21),这个问题就无解,该圆称为危险圆。而 $P$ 点靠近危险圆也将使算得的坐标有很大的误差。因此在作业时,一般要使 $P$ 点离危险圆周有一定距离,规范规定 $\alpha+\beta+C'+C''$ 不得在 $170°\sim190°$ 之间。通常在 $P$ 点至少要观测 4 个已知点,计算时选择其中 3 个点作为 $A,B,C$ 点,使 $P$ 点位于 $A,B,C$ 所构成的三角形内,或者位于三角形两边延长线的夹角之间,以第 4 个已知点 $D$ 作检核。

**四、自由测站定位法**

自由测站定位法具有测站选择灵活、受地形限制少、野外施测工作简单、易于校核的特点。如图 6-22 所示,自由测站定位法与后方交会相似,但观测元素除水平方向 $L$ 外,还应测量 $P$ 点至各已知点的距离 $D$。后方交会时至少要有 3 个已知控制点,为了检核至少还要增加 1 个已知控制点,而自由测站定位法最少需要 2 个已知控制点,而且有 2 个已知控制点已经具有初步校核,利用多个已知点时,可以提高测站 $P$ 的点位精度。

在图 6-22 中,设 $P$ 为测站,$A_1,A_2,\cdots,A_n$ 为几个已知控制点,观测了几个水平方向值 $L_i$ 及几个水平距离 $D_i$,按下列步骤可计算出测站 $P$ 的坐标。

1.建立假定测站坐标系 $X'$ 和 $Y'$

假定坐标系的原点在 $P$,其 $X'$ 轴正方向与观测水平方向时度盘 0°刻划线方向重合。

2.计算各已知控制点在假定坐标系中的坐标 $X'_i$ 和 $Y'_i$

$$X'_i = D_i \cos L_i \left.\right\} \quad (6-32)$$
$$Y'_i = D_i \sin L_i$$

3.建立假定坐标系与大地坐标系之间的换算公式

假定坐标系与大地坐标系之间的换算参数有:平移参数为 $P$ 点在大地坐标系中的坐标 $(X_P, Y_P)$;旋转参数为水平度盘 0°刻划线在大地坐标系中的方位角 $\alpha_0$;尺度参数为距离观测值的尺度标准长度在大地坐标系中的长度值 $K$。则假定坐标系与大地坐标系的转换关系式为:

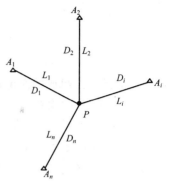

图 6-22　自由测站定位法

$$x_i = KX'_i \cos\alpha_0 - KY'_i \sin\alpha_0 + X_P \left.\right\}$$
$$y_i = KX'_i \sin\alpha_0 - KY'_i \cos\alpha_0 + Y_P \qquad (6-33)$$

4.求假定坐标系与大地坐标系之间的转换参数

利用(6-33)式将已知控制点的假定坐标 $(X'_i, Y'_i)$ 换算成大地坐标 $(x_i, y_i)$ 会与已知控制点的大地坐标 $(X_i, Y_i)$ 有差异,求这 4 个参数按最小二乘法准则在于要求这些坐标差的平方和为最小。根据这个准则,可导得计算公式为:

$$X'_0 = \frac{\sum X'_i}{n}, Y'_0 = \frac{\sum Y'_i}{n}$$

$$U_i = X'_i - X'_0, R_i = Y'_i - Y'_0$$

$$a = \sum (U_i X_i + R_i Y_i), b = \sum (U_i X_i - R_i X_i)$$

$$c = \frac{a}{d}, s = \frac{b}{d}$$

$$k = \sqrt{c^2 + s^2}, \alpha_0 = \tan^{-1}\frac{b}{a}$$

5.计算 $P$ 点坐标

$$X_P = \frac{\sum X_i}{n} - c \cdot X'_0 + s \cdot Y'_0 \left.\right\}$$
$$Y_P = \frac{\sum Y_i}{n} - s \cdot X'_0 - c \cdot Y'_0 \qquad (6-34)$$

# 第四节　高程控制测量

测定控制点高程的工作称为高程控制测量。采用的测量方法主要是水准测量和三角高程测量。水准测量主要用于地势平坦地区,其优点是测量结果精度较高,缺点是工作量太大。三角高程测量主要适用于山区,布设方便,工作量小,其精度比精密水准测量的精度低。

## 一、三(四)等水准测量

三(四)等水准测量除用于加密国家控制网外,还作为工程建设和大比例尺地形图测绘的高程控制。国家三(四)等水准测量的精度要求较高。对仪器的技术参数、观测程序、操作方法、视线长度及读数误差等都有严格规定,具体规定见表6-8。

表6-8　三(四)等水准测量技术指标

| 等级 | 仪器类型 | 最大视距（m） | 前后视距差（m） | 前后视距差累计（mm） | 黑红面读数差（mm） | 黑红面所测高差之差（mm） | 检测间歇点高差之差（mm） |
|------|----------|----------------|------------------|------------------------|----------------------|----------------------------|----------------------------|
| 三　等 | DS2 | 75 | 2.0 | 5.0 | 2.0 | 3.0 | 3.0 |
| 四　等 | DS3 | 100 | 3.0 | 10.0 | 3.0 | 5.0 | 5.0 |

三等水准测量应沿路线进行往返观测。四等水准测量当两端点为高等级水准点或自成闭合环时只进行单程测量。四等水准支线则必须进行往返观测。每一测段的往测与返测,其测站数均应为偶数,否则要加入标尺零点差改正。由往测转向返测时,必须重新整置仪器,两根水准尺也应互换位置。工作间歇时,最好能在水准点上结束观测,否则应选择两个坚实可靠、便于放置标尺的固定点作为间歇点,并在间歇点上做上标记,间歇后,应进行检测,若检测结果符合表6-8的限差要求,即可起测。

三(四)等水准测量在一测站上水准仪照准双面水准尺的顺序为:

①照准后视水准尺黑面,读下丝(1)、上丝(2)和中丝读数(3)。

②照准前视水准尺黑面,读中丝(4)、下丝(5)和上丝读数(6)。

③照准前视水准尺红面,读中丝读数(7)。

④照准后视水准尺红面,读中丝读数(8)。

这样的顺序简称为后一前一前一后(黑、黑、红、红)。四等水准测量每站观测顺序也可为后一后一前一前(黑、红、黑、红)。要注意的是,每次读数时均应在水准管气泡居中时读取。下面结合三等水准测量记录(表6-9)讲述水准测量的记录、计算方法。

1.水准测量的测站校核

(1)读数校核 理论上,红-黑=4687或4787,但由于观测值有误差,它们之间有一个差值,规范规定三等水准测量读数误差不超过 2 mm,四等水准测量读数误差不超过 3 mm。在记录表中:

$$(9) = (4) + K - (7)$$
$$(10) = (3) + K - (8)$$
$$(11) = (10) - (9)$$

式中(9)为前视尺的黑红面读数之差;(10)为后视尺的黑红面读数之差;(11)为黑红面所测高差之差;$K$ 为前、后视水准尺红黑面零点的差数,$K$ 为 4787 或 4687,限差见表 6-8。

(2)视距检查 水准测量中,为了消除 $i$ 角误差,在观测中应尽量做到前、后视距相等,对不同等级的水准测量其要求不同(见表 6-8),在记录表中:

$$(12) = (1) - (2)$$
$$(13) = (5) - (6)$$
$$(14) = (12) - (13)$$
$$(15) = 本站的(14) + 前站的(15)$$

式中(12)为后视距离;(13)为前视距离;(14)为前后视距离差;(15)为前后视距累积差。

(3) 高差计算

$$h = 后视读数 - 前视读数$$
$$(16) = (3) - (4)$$
$$(17) = (8) - (7)$$

式中(16)为黑面所算得的高差,一般称为真高差;(17)为红面所算得的高差,一般称为假高差。

由于两根尺子红黑面零点差不同,所以(16)并不等于(17),(16)与(17)应相差 100,理论上 $h_红 - h_黑 = \pm 100$,但由于测量误差的存在,

$$(11) = (16) \pm 100 - (17)$$

式中(11)即为两次观测的高差较差,限差见表 6-8,如果在限差内,计算本测站高差(18)

$$\overline{h} = \frac{h_黑 + (h_红 \pm 100)}{2}$$

$$(18) = \frac{(16) + (17) \pm 100}{2}$$

### 表 6-9 三(四)等水准测量观测

时间:2002 年 12 月 12 日 8:35—11:07

测自北京农学院至大尖山　　　　　　　　　　　　　　天气:多云　　　呈像:清晰

| 测站编号 | 后尺 | 下丝 上丝 | 前尺 | 下丝 上丝 | 方向及尺号 | 标尺读数 | | K+黑减红 | 高差中数 | 备注 |
|---|---|---|---|---|---|---|---|---|---|---|
| | | | | | | 黑面 | 红面 | | | |
| | 后 距 | | 前 距 | | | | | | | |
| | 视距差 d | | ∑d | | | | | | | |
| | (1) | (5) | | | 后 | (3) | (8) | (10) | | K=4687或4787 |
| | (2) | (6) | | | 前 | (4) | (7) | (9) | | |
| | (12) | (13) | | | 后—前 | (16) | (17) | (11) | 18 | |
| | (14) | (15) | | | | | | | | |
| 1 | 0444 | 2295 | | | 后5 | 0344 | 5029 | +2 | | |
| | 0244 | 2091 | | | 前6 | 2193 | 6980 | 0 | | |
| | 200 | 204 | | | 后—前 | −1849 | −1951 | +2 | −1850 | |
| | −0.4 | −0.4 | | | | | | | | |
| 2 | 1964 | 1142 | | | 后6 | 1782 | 6568 | +1 | | |
| | 1599 | 0764 | | | 前5 | 0953 | 5639 | +1 | | |
| | 365 | 378 | | | 后—前 | +0829 | +0929 | 0 | +0829 | |
| | −1.3 | −1.7 | | | | | | | | |
| 3 | 2266 | 1448 | | | 后5 | 1935 | 6622 | 0 | | |
| | 1605 | 0788 | | | 前6 | 1118 | 5906 | −1 | | |
| | 661 | 660 | | | 后—前 | +0817 | +0716 | +1 | +0816.5 | |
| | 0.1 | −1.6 | | | | | | | | |
| 4 | 1078 | 2007 | | | 后6 | 0953 | 5740 | 0 | | |
| | 0828 | 1767 | | | 前5 | 1887 | 6574 | 0 | | |
| | 250 | 240 | | | 后—前 | −0934 | −0834 | 0 | −0934 | |
| | 1.0 | −0.6 | | | | | | | | |
| 5 | 0906 | 1897 | | | 后5 | 0639 | 5327 | −1 | | |
| | 0372 | 1366 | | | 前6 | 1632 | 6418 | +1 | | |
| | 534 | 531 | | | 后—前 | −0993 | −1091 | −2 | −0992 | |
| | 0.3 | −0.3 | | | | | | | | |

### 2. 观测结束后的计算与校核

（1）高差部分

$$\sum(3) - \sum(4) = \sum(16) = h_{黑} \qquad \sum\{(3)+K\} - \sum(8) = \sum(9)$$

$$\sum(8)-\sum(7)=\sum(17)=h_{红} \qquad \sum\{(4)+K\}-\sum(7)=\sum(9)$$

测站数为偶数：$h_{中}=\dfrac{1}{2}(h_{黑}+h_{红})=\sum(18)$

测站数为奇数：$h_{中}=\dfrac{1}{2}(h_{黑}+h_{红}\pm100)=\sum(18)$

$h_{黑}$、$h_{红}$分别为一测段黑面、红面所得的高差。$h_{中}$为高差中数。

（2）水准测量的路线校核，见表 6-10。

表 6-10   水准测量路线校核技术规范

| 路线    种类     等级 | 往返测、附合路线、闭合路线闭合差（mm） | |
|---|---|---|
| | 平原丘陵 | 山区 |
| 三 等 水 准 测 量 | $\pm12\sqrt{D}$ | $\pm15\sqrt{D}$ |
| 四 等 水 准 测 量 | $\pm20\sqrt{D}$ | $\pm25\sqrt{D}$ |

（3）内业计算 水准测量外业结束之后即可进行内业计算。首先重新复查外业手簿中的各项观测数据是否符合要求，高差计算有无错误，之后按水准路线中的已知数据进行闭合差的计算。计算方法见第二章。

**二、三角高程测量**

1. 三角高程测量原理

如图 6-23 所示，要测定地面上 $A$、$B$ 两点的高差 $h_{AB}$，在 $A$ 点设置仪器，在 $B$ 点竖立目标。量取望远镜旋转轴中心 $I$ 至地面上 $A$ 点的高度 $i$，$i$ 称为仪器高。用望远镜中丝照准 $B$ 目标上一点 $M$，它距 $B$ 点（地面）的高度称为目标高 $v$，测出倾斜视线 $IM$ 的竖直角 $\alpha$，若 $A$，$B$ 两点间水平距离为 $D$，则由图中可得两点间高差 $h_{AB}$ 为：

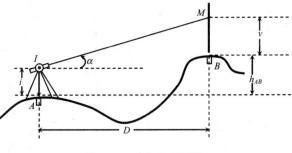

图 6-23   三角高程测量

$$h_{AB}=D\cdot\tan\alpha+i-v \tag{6-35}$$

在应用上式时，要注意竖直角的正、负号，所测角为仰角时，为正号；所测角为俯角时，为负号。计算时必须将正、负号一起代入。另外，观测时使目标高度等于仪器高，则上式可简化为：

$$h_{AB} = D \cdot \tan\alpha \qquad\qquad (6\text{-}36)$$

如果 $A$ 点的已知高程为 $H_A$，则 $B$ 点的高程为：

$$H_B = H_A + h_{AB}$$

$$H_B = H_A + D \cdot \tan\alpha + i - v \qquad\qquad (6\text{-}37)$$

2.地球曲率和大气折光的影响

地球表面是一曲面，当两点间距离较远时，在测定高差时应考虑地球曲率的影响。由于空气密度随着所在位置的高程而变化，越到高空其密度越稀，当光线通过由下而上密度变化着的大气层时，光线产生折射，形成凹向地面的曲线，称为大气折光。设它们对高差的影响为 $f$。$f$ 值的大小与两点间距离 $D$ 有关，一般用下式计算：

$$f = 0.43 \cdot \frac{D^2}{R} \qquad\qquad (6\text{-}38)$$

式中 $D$ 为两点间距离；$R$ 为地球半径。

则：
$$h = D \cdot \tan\alpha + i - v + f \qquad\qquad (6\text{-}39)$$

3.三角高程路线

所谓三角高程路线，是在两已知高程点间，由已知其水平距离的若干条边组成路线，用三角高程测量的方法，对每条边都进行往返测定高差（见图6-24）。三角高程路线中各条边的高差均须往返观测，其竖角均用盘左、盘右测定。在推算出各条路线的高差后，根据两端点的已知高程推算得高差闭合差，用水准测量平差的同样方法将闭合差按边长成比例分配，然后求算出路线中各点的高程。

图6-24　三角高程路线

4.三角高程测量的计算

(1)限差范围

①距离在 500 m 以内时，往返测高差较差不得超过 0.2 m。

②距离在 500 m 以上时，往返测高差较差不得超过 0.4 m。

当计算出往返高差的较差满足以上规定时，才允许计算高差中数。

(2)三角高程计算。

①高差计算。在计算之前应对外业成果进行检查，看其有无不合规定的数据，全部符合要求后才可进行计算。计算出各边往返测高差后，检查每条边是否符合限差。若符合，取平均值作为两点间高差。

例:有附合三角高程路线如图 6-24 所示,图中各边观测数据和高差计算方法见表6-11。

表 6-11　三角高程路线高差计算

| 测站点 | $A$ | $N_1$ | $N_1$ | $N_2$ | $N_2$ | $B$ |
|---|---|---|---|---|---|---|
| 觇 点 | $N_1$ | $A$ | $N_2$ | $N_1$ | $B$ | $N_2$ |
| 觇 点 | 直 | 反 | 直 | 反 | 直 | 反 |
| $\alpha$ | $-3°06'24''$ | $3°19'42''$ | $4°39'12''$ | $-4°38'00''$ | $-2°16'48''$ | $2°27'57''$ |
| $D$ | 372.94 | 372.94 | 406.32 | 406.32 | 628.54 | 628.54 |
| $h=D \cdot \tan\alpha$ | $-20.24$ | $+21.69$ | $+33.07$ | $-32.93$ | $-25.02$ | $+27.07$ |
| $f$ | 0.01 | 0.01 | 0.01 | 0.01 | 0.03 | 0.03 |
| $i$ | 1.35 | 1.30 | 1.30 | 1.35 | 1.33 | 1.30 |
| $v$ | 2.00 | 2.00 | 2.00 | 1.35 | 2.50 | 2.00 |
| $H$ | $-20.88$ | $+21.00$ | $+33.08$ | $-32.92$ | $-26.16$ | $+26.40$ |
| 高差平均值 | $-20.94$ | | $+33.00$ | | $-26.28$ | |

②高程计算。方法与水准测量计算方法相同。

例:计算图 6-24 中 $N_1$,$N_2$ 两点的高程。

表 6-12　三角高程路线成果表

| 点 号 | 距离(m) | 高差中数(m) | 改正数(m) | 改正后高差数(m) | 高程(m) | 备 注 |
|---|---|---|---|---|---|---|
| $A$ | | | | | 1092.84 | 已知高程 |
| $N_1$ | 372.94 | $-20.94$ | 0.09 | $-20.85$ | 1071.99 | |
| $N_2$ | 406.32 | $+33.00$ | 0.10 | 33.10 | 1105.09 | |
| $B$ | 628.54 | $-26.28$ | 0.15 | $-26.13$ | 1078.06 | 已知高程 |
| | 1407.80 | $-14.22$ | 0.34 | $-13.88$ | | |
| $f_h = \sum h - (H_B - H_A) = -14.22 + 13.88 = -0.34 \text{ m}$ $\delta_i = -\dfrac{f_h}{\sum D} \cdot D_i = 0.00024 D_i$ | | | | | | |

## 思考练习题

1. 平面控制测量通常有哪些方法？各有什么特点？

2. 简述导线测量的外业工作。

3. 根据表 6-13 的数据，计算附合导线各点的坐标值。

4. 由表 6-14 的已知数据和观测数据，计算闭合导线各点的坐标值。

5. 高程控制测量主要以什么方式布设？它们各有什么特点？

6. 在三角高程测量中，$D_{AB} = 832.456$ m，从 $A$ 点照准 $B$ 点，测得竖角 $\alpha = +16°22'12''$，仪器高为 1.42 m，$B$ 点觇标高 5.2 m，从 $B$ 点照准 $A$ 点，测得竖角 $\alpha = -15°58'30''$，仪器高为 1.38 m，$A$ 点觇标高 3.5 m，计算 $AB$ 间的高差 $h_{AB}$。

表 6-13

| 点号 | 观测值（右角）<br>（ °　′　″） | 边长<br>（m） | 坐标 X | 坐标 Y | 备注 |
|------|------|------|------|------|------|
| B |  |  | 123.92 | 869.57 |  |
| A | 102 29 12 |  | 55.69 | 256.29 |  |
|  |  | 107.31 |  |  |  |
| 1 | 190 12 06 |  |  |  |  |
|  |  | 81.46 |  |  |  |
| 2 | 184 48 24 |  |  |  |  |
|  |  | 85.26 |  |  |  |
| C | 79 12 30 |  | 302.49 | 139.71 |  |
| D |  |  | 491.04 | 686.32 |  |

表 6-14

| 点号 | 观测值<br>（° ′ ″） | 坐标方位角<br>（° ′ ″） | 边长<br>（m） | 坐 标 | | 备 注 |
|------|----------|------------|-------|---------|----------|--------|
| | | | | X | Y | |
| 1 | 83 21 42 | | | 1000.000 | 1000.000 | |
| 2 | 96 31 30 | 74 20 30 | 92.65 | | | |
| 3 | 176 50 30 | | 70.71 | | | |
| 4 | 90 37 48 | | 116.20 | | | |
| 5 | 98 32 42 | | 74.17 | | | |
| 6 | 174 05 30 | | 109.85 | | | |
| 1 | | | 84.57 | | | |

# 第七章 大比例地形图测绘

## 第一节 地形图的基本知识

地形测量的任务是测绘地形图。地形图测绘是以测量控制点为依据,按以一定的步骤和方法将地物和地貌测定在图之上,并用规定的比例尺和符号绘制成图。

**一、地形图和比例尺**

1. 地形图、平面图、地图

(1)地形图 通过实地测量,将地面上各种地物、地貌的平面位置,按一定的比例尺,用《地形图图式》统一规定的符号和注记,缩绘在图纸上的平面图形,既表示地物的平面位置又表示地貌形态。

(2)平面图 只表示平面位置,不反映地貌形态。

(3)地图 将地球上的自然、社会、经济等若干现象,按一定的数学法则采用综合原则绘成的图。

我们测量当然主要是研究地形图,它是地球表面实际情况的客观反映,各项建设都需要首先在地形图上进行规划、设计。

2. 比例尺

(1)比例尺 图上任一线段与地上相应线段水平距离之比,称为图的比例尺(见图7-1)。例如,某幅地图的图上长度 1 cm,相当于实地水平距离 10000 cm,则此幅地图的比例尺为 1:10000。一般将数字比例尺化为分子为 1、分母为一个比较大的整数 $M$ 表示。$M$ 越大,比例尺的值就越小;$M$ 越小,比例尺的值就越大,如数字比例尺 1:500,1:1000 等。

$$地图比例尺 = \frac{图上长度}{相应实地水平距离}$$

图 7-1 图的比例尺

(2)比例尺种类

①数字比例尺。直接用数字表示的比例尺,用分子为 1 的分数式来表示的比例尺,称为数字比例尺。分子越小,比例尺越大,图上表示的地物地貌愈详尽。通常把 1:500,1:1000,1:2000,1:5000 的比例尺称为大比例尺;1:10000,1:25000,1:50000,1:100000 的称为中比例尺;小于 1:100 000 的称为小比例尺。我国规定

1：1万，1：2.5万，1：5万，1：10万，1：25万，1：50万，1：100万七种比例尺地形图为国家基本比例尺地形图。

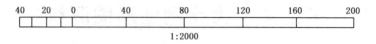

图 7-2　图式比例尺

②图式比例尺。直线比例尺和复式比例尺。见图 7-2。

③工具比例尺。分划板、三棱尺。

（3）比例尺应用　比例尺的大小是按照其比值的大小来衡量的，比值越大比例尺越大。比例尺的大小，决定着图上显示地形的详略。比例尺越大，图上显示的地形越详细，但一幅图上所包含的实地范围越小；比例尺越小，图上显示的地形越简略，但图中所包含的实地范围就越大。

**二、地形图要素介绍**

1. 数学要素

（1）比例尺

（2）方格网（公里网）　在绘制大比例尺地形图时，先要建立方格网，以 10cm×10cm 绘制，当比例尺为中比例尺或小比例尺时，则绘制 2cm×2cm 网格，这时称为公里网。

（3）分幅　为了保管和使用方便，我国对每一种基本比例尺地形图的图廓大小都做了规定，这就是地形图的分幅。地形图的分幅方法有两种：一种是经纬网梯形分幅法或国际分幅法；另一种是坐标格网正方形或矩形分幅法。

（4）编号　地形图的编号是根据各种比例尺地形图的分幅，对每一幅地图给予一个固定的号码，这种号码不能重复出现，并要保持一定的系统性。地形图编号的最基本的方法是采用行列法，即把每幅图所在一定范围内的行数和列数组成一个号码。

关于分幅和编号在下一章会详细介绍。

2. 地形要素

（1）地物　地面的各类建筑物、构筑物、道路、水系及植被等就称为地物。地面上的地物，在地图上用统一规定的符号结合注记表示的，这些规定的图形符号叫地物符号。

符号的分类：按照符号与实地地物的比例关系，可以分为四类。

①依比例尺表示的符号（轮廓符号）。实地面积较大的地物，如城镇、森林、湖泊、江河等，其符号图形的外部轮廓是按比例尺缩绘的，在地图上可以了解其分布形状，依比例尺量取相应的实地长、宽和面积。

②半依比例尺表示的符号（线状符号）。实地的线状地物，如道路、沟渠、电线、围墙

等,这类地物符号的长度是按比例尺缩绘的,而宽度则不是。在地图上只能量取其长度,而不能量取其宽度。

③不依比例尺表示的符号(点状符号)。实地面积很小而对定向越野运动有影响和有方位意义的独立地物,如窑、独立坟、独立树等,在地图上,长与宽都不能依比例尺表示,只能用规定的符号。

④说明与配置符号。主要是用来说明、补充上述三种符号还不能表示的内容。说明符号是用来说明某种情况的,如表示街区性质的晕线、江河流向的箭头等。配置符号是用来表示某些地区的植被及土质分布特征的,如草地、果园、森林等。

(2)地貌 后面单独介绍。

3.专业要素

包括铁路,公路,房建,水电等设计勘测资料。

4.说明注记

图内、外的各种注明、解释、说明。

**三、等高线**

1.等高线显示地貌的原理

等高线是由地面上高程相等的各点连接而成的闭合曲线。

等高线的构成原理是:假想把一座山从底到顶按相等的高度一层一层水平切开,山的表面就出现许多大小不同的截口线,然后把这些截口线垂直投影到同一平面上,按一定比例尺缩小,从而得到一圈套一圈的表现山头形状、大小、位置以及它起伏变化的曲线图形。因为同一条曲线上各点的高程都相等,所以叫等高线。如图 7-3。

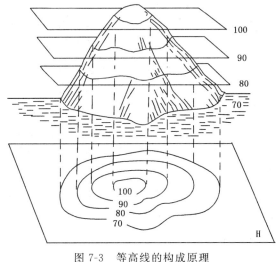

图 7-3 等高线的构成原理

用等高线表示地貌,等高距选择过大,就不能精确显示地貌;反之,选择过小,等高线密集,失去图面的清晰度。因此,应根据地形和比例尺参照表 7-1 选用等高距。

表 7-1　地形图的基本等高距

| 地形类别 | 比　　例　　尺 | | | | 备　　注 |
|---|---|---|---|---|---|
| | 1∶500 | 1∶1 000 | 1∶2000 | 1∶5000 | |
| 平地 | 0.5 m | 0.5 m | 1 m | 2 m | 等高距为 0.5 m 时,特征点高程可注至厘米,其余均为注至分米。 |
| 丘陵 | 0.5 m | 1 m | 2 m | 5 m | |
| 山地 | 1 m | 1 m | 2 m | 5 m | |

按表 7-1 选定的等高距称为基本等高距,同一幅图只能采用一种基本等高距。等高线的高程应为基本等高距的整倍数。

2.等高线的种类

等高线按其作用不同,分为首曲线、计曲线、间曲线与助曲线四种。

(1)首曲线　又叫基本等高线,是按规定的等高距测绘的细实线(宽度为 0.15 mm),用以显示地貌的基本形态。

(2)计曲线　又叫加粗等高线,从规定的高程起算面起,每隔 5 个等高距将首曲线加粗为一条粗实线(线宽 0.3 mm),以便在地图上判读和计算高程。

(3)间曲线　又叫半距等高线,是按二分之一等高距描绘的细长虚线,主要用以显示首曲线不能显示的某段微型地貌。

(4)助曲线　又叫辅助等高线,是按四分之一等高距描绘的细短虚线,用以显示间曲线仍不能显示的某段微型地貌。

间曲线和助曲线只用于显示局部地区的地貌,除显示山顶和凹地的各自闭合外,其他一般都不闭合。

3.根据等高线的原理和典型地貌的等高线,可得出等高线的特性:

(1)同一条等高线上的点,其高程必相等,并各自闭合。如不在本图幅内闭合,则必在图外闭合,故等高线必须延伸到图幅边缘(等高封闭)。

(2)在同一幅地图上,等高线多,山就高;等高线少,山就低;凹地相反(多高少低)。

(3)等高线的间隔密,表示坡度陡;间隔稀则坡度缓;平距相等则坡度相等;平距与坡度成反比(密陡稀缓)。

(4)等高线的弯曲形状与相应实地地貌形态相似,除在悬崖或绝壁处外,等高线在图上不能相交或重合;等高线不能在图内中断,但遇道路、房屋、河流等地物符号和注记处可以局部中断(形似实地)。

4.高程起算和注记

我国规定:把"1956年黄海平均海水面"作为全国统一的高程起算面,高于该面为正,低于该面为负。从黄海平均海水面起算的高程,叫真高,也叫海拔或绝对高程;从假定水平面起算的高程,叫假定高程或相对高程。地貌、地物由所在地面起算的高度,叫比高。起算面相同的两点间高程之差,叫高差。

地形图上的高程注记有三种,即控制点高程、等高线高程和比高。控制点(包括三角点、埋石点、水准点等)的高程注记,用黑色,字头朝向北图廓;等高线的高程注记,用棕色,字头朝向上坡方向;比高注记与其所属要素的颜色一致,字头朝向北图廓。

5.地貌识别

地貌形态繁多,但主要由一些典型地貌的不同组合而成。要用等高线表示地貌,关键在于掌握等高线表达典型地貌的特征。典型地貌有:

(1)山顶、凹地 山的最高部位叫山顶。山顶依其形状可分为尖顶、圆顶和平顶。图上表示山顶的等高线是一个小环圈,环圈外通常绘有示坡线。

示坡线是从等高线起向下坡方向垂直于等高线的短线,示坡线从内圈指向外圈,说明中间高,四周低。由内向外为下坡,故为山头或山丘;示坡线从外圈指向内圈,说明中间低,四周高,由外向内为下坡,故为洼地或盆地。

(2)山背、山谷 山背是从山顶到山脚的凸起部分。图上表示山背的等高线以山顶为准,等高线向外凸出,各等高线凸出部分顶点的连线,就是分水线。山谷是相邻山背、山脊之间的低凹部分。图上表示山谷的等高线以山顶或鞍部为准,等高线向里凹入(或向高处凸出),各等高线凹入部分顶点的连线,就是集水线。

(3)鞍部、山脊 鞍部是相邻两山头之间低凹部位呈马鞍形的地貌。鞍部($K$点处)俗称垭口,是两个山脊与两个山谷的会合处,等高线由一对山脊和一对山谷的等高线组成。山脊是由数个山顶、山背、鞍部相连所形成的凸棱部分。山脊的最高棱线叫山脊线。

山脊线和山谷线是显示地貌基本轮廓的线,统称为地性线,它在测图和用图中都有重要作用。

(4)斜面 从山顶到山脚的倾斜面叫斜面,也叫斜坡或山坡。在地图上明确斜面的具体形状,对定向越野有一定价值。斜面按其形状可分为:

①等齐斜面。实地坡度基本一致的斜面叫等齐斜面,全部斜面均可通视。地图上,从山顶到山脚,间隔基本相等的一组等高线,表示为等齐斜面。

②凸形斜面。实地坡度为上缓下陡的斜面叫凸形斜面,部分地段不能通视。地图上,从山顶到山脚,间隔为上面稀、下面密的一组等高线,表示为凸形斜面。

③凹形斜面。实地坡度为上陡下缓的斜面叫凹形斜面,全部斜面均可通视。地图上,从山顶到山脚,间隔为上面密、下面稀的一组等高线,表示为凹形斜面。

④波状斜面。实地坡度交叉变换、陡缓不一、成波状形的不规则斜面叫波状斜面，若干地段不能通视。地图上，表示该状斜面的等高线间隔稀密不均，没有规律。

（5）陡崖和悬崖　陡崖是坡度在70°以上的陡峭崖壁，有石质和土质之分。悬崖是上部突出中间凹进的地貌。

6.高程、高差、起伏、坡度和通视的判定

（1）高程的判定　判定某点的高程主要是根据山顶及等高线上的高程注记和等高距进行推算。

（2）高差的判定　判定两点高差时，可先判定两点的高程，然后相减即得高差。

（3）起伏的判定　判定起伏就是在地图上判定哪是上坡，哪是下坡，哪是平地。判定起伏时，首先要对判定区域进行总的地势分析，在该区域内，找出明显的山顶，分析山顶间的联系，找出山脊以及主要分水线、集水线的走向，然后结合河流、溪沟的具体位置，判定出总的升降方向。总的地势分析之后，进行具体分析时要注意基本一点，即在地图上，凡属运动路线与某条等高线近似平行是平路外，其他现象（与某条等高线越来越近或越来越远或相交）则不是上坡就是下坡。

（4）坡度的判定　坡度，即斜面对水平面的倾斜程度，常以角度或倾斜百分率表示。判定坡度，即判定运动路线的某一局部或山体某一斜面的坡度为多少度，或是百分之几的坡度。判定坡度的方法是根据等高线的间隔来进行的，也可以利用坡度尺来进行量测。

（5）通视的判定　在图上判定两点间的通视情况，主要是根据观察点、遮蔽点、目标点三者的关系位置和高程而定。

坐标：确定地面、空间和平面上某点相对位置的角度值和长度值叫该点的坐标。利用坐标能迅速而准确地确定点位，指示目标。军事上常用的有地理坐标和平面直角坐标。在不同比例尺地图上分别绘有地理坐标网和平面直角坐标网。

地理坐标：确定地面某点位置的角度值，叫该点的地理坐标。

平面直角坐标：确定平面上某点相对位置的长度值，叫该点的平面直角坐标。

# 第二节　地形图测量

## 一、测图前的准备工作

测图前，除做好仪器、工具及资料的准备工作外，还应着重做好测图板的准备工作。它包括图纸的准备，绘制坐标格网及展绘控制点等工作。

1.图纸准备

为了保证测图的质量，应选用质地较好的图纸。对于临时性测图，可将图纸直接固定在图板上进行测绘；对于需要长期保存的地形图，为了减少图纸变形，应将图纸裱糊在锌板、铝板或胶合板上。

目前，各测绘部门大多采用聚脂薄膜，其厚度为 0.07～0.10 mm，表面经打毛后，便可代替图纸用来测图。聚脂薄膜伸缩率很小，且坚韧耐湿，沾污后可洗，在图纸上着墨后，可直接晒蓝图。但聚酯薄膜图纸易燃，有折痕后不能消除，在测图、使用、保管时要多加注意。

2.绘制坐标格网

为了准确地将图根控制点展绘在图纸上，首先要在图纸上精确地绘制 10 cm×10 cm的直角坐标格网。绘制坐标格网的方法有圆规的对角线法、坐标格网尺法及计算机软件（如 AutoCAD 或 CASS ）绘制等。另外，目前有一种印有坐标方格网的聚纸薄膜图纸，使用更为方便。

3.格网的检查和注记

在坐标格网绘好以后，应立即进行检查：首先检查各方格的角点是否在一条直线上，偏离不应大于 0.2 mm；再检查各个方格的对角线长度是否为 141.4 mm，容许误差为±0.3 mm。图廓对角线长度与理论长度之差的容许误差为±0.3 mm，若误差超过容许值则应将方格网进行修改或重绘 。坐标格网线的旁边要注记坐标值，每幅图的格网线的坐标是按照图的分幅来确定的。

4.展绘控制点

（1）按分幅规定或实际需要确定图幅左下角坐标。

（2）根据测图比例尺标出对应方格网线坐标。

（3）确定控制点所在方格。

（4）精确确定控制点的位置，并标出"＋"号。

最后量取相邻控制点之间的距离和已知的距离相比较，作为展绘控制点的检核，其最大误差在图纸上应不超过 ±0.3 mm，否则控制点应重新展绘。经检查无误，按图式规定绘出导线点符号，并注上点号和高程，这样就完成了测图前的准备工作。

**二、碎部测量**

碎部测量就是测定碎部点的平面位置和高程。下面分别介绍碎部点的选择和碎部测量的方法。

1.碎部点的选择

前已述及碎部点应选地物、地貌的特征点。对于地物，碎部点应选在地物轮廓线的方向变化处，如房角点、道路转折点、交叉点、河岸线转弯点以及独立地物的中心点等。连接这些特征点，便得到与实地相似的地物形状。由于地物形状极不规则，一般规定主要地物凸凹部分在图上大于 0.4 mm 均应表示出来，小于 0.4 mm 时，可用直线连接。

对于地貌来说,碎部点应选在最能反映地貌特征的山脊线、山谷线等地性线上。如山顶、鞍部、山脊、山谷、山坡、山脚等坡度变化及方向变化处。根据这些特征点的高程勾绘等高线,即可使地貌在图上表示出来。

2.经纬仪测绘法

经纬仪测绘法的实质是按极坐标定点进行测图,观测时先将经纬仪安置在测站上,绘图板安置于测站旁,用经纬仪测定碎部点的方向与已知方向之间的夹角、测站点至碎部点的距离和碎部点的高程。然后根据测定数据用量角器和比例尺把碎部点的位置展绘在图纸上,并在点的右侧注明其高程,再对照实地描绘地形。此法操作简单、灵活,适用于各类地区的地形图测绘。操作步骤如下:

(1)安置 安置仪器于测站点 $A$(控制点)上,量取仪器高 $I$ 填入手簿。

(2)定向 置水平度盘读数为 $0°00'00''$,后视另一控制点 $B$。

(3)立尺 立尺员依次将尺立在地物、地貌特征点上。立尺前,立尺员应弄清实测范围和实地情况,选定立尺点,并与观测员、绘图员共同商定跑尺路线。

(4)观测 转动照准部,瞄准标尺,读视距间隔、中丝读数、竖盘读数及水平角。

(5)记录 将测得的视距间隔、中丝读数、竖盘读数及水平角依次填入手簿。对于有特殊作用的碎部点,如房角、山头、鞍部等,应在备注中加以说明。

(6)计算 依视距、竖盘读数上或竖直角度,用计算器计算出碎部点的水平距离和高程。

(7)展绘 碎部点用细针将量角器的圆心插在图上测站点 $A$ 处,转动量角器,将量角器上等于水平角值的刻划线对准起始方向线,此时量角器的零方向便是碎部点方向,然后用测图比例尺按测得的水平距离在该方向上定出点的位置,并在点的右侧注明其高程。

同法,测出其余各碎部点的平面位置与高程,绘于图上,并随测随绘等高线和地物。

为了检查测图质量,仪器搬到下一测站时,应先观测前站所测的某些明显碎部点,以检查由两个测站测得该点平面位置和高程是否相同,如相差较大,则应查明原因,纠正错误,再继续进行测绘。

若测区面积较大,可分成若干图幅,分别测绘,最后拼接成全区地形图。为了相邻图幅的拼接,每幅图应测出图廓外 5 mm。

3.光电测距仪测绘法

光电测距仪测绘地形图与经纬仪测绘法基本相同,所不同者是用光电测距来代替经纬仪视距法。

4.小平板仪与经纬仪联合测图法

这种方法的特点是将小平仪安置在测站上,以描绘测站至碎部点的方向,而将经纬仪安置在测站旁边,以测定经纬仪至碎部点的距离和高差。最后用方向与距离交会的方法定出碎部点在图上的位置。

在工矿企业测绘地形图时，为满足改建或扩建的需要，对于厂房角点、地下管线检查井中心及烟囱中心等主要地物，要测出其坐标和高程。在此情况下，水平角要用经纬仪观测半个测回，距离用钢尺丈量，高程用水准测量方法观测。

5.碎部测量注意事项

(1)观测人员在读取竖盘读数时，要注意检查竖盘指标水准管气泡是否居中；每观测 20～30 个碎部点后，应重新瞄准起始方向检查其变化情况。经纬仪测绘法起始方向度盘读数偏差不得超过 4′，小平板仪测绘时起始方向偏差在图上不得大于 0.3 mm。

(2)立尺人员应将标尺竖直，并随时观察立尺点周围情况，弄清碎部点之间的关系，地形复杂时还需绘出草图，以协助绘图人员做好绘图工作。

(3)绘图人员要注意图面正确整洁，注记清晰，并做到随测点、随展绘、随检查。

(4)当每站工作结束后，应进行检查，在确认地物、地貌无测错或漏测时，方可迁站。

# 第三节　地形图绘制

在外业工作中，当碎部点展绘在图上后，就可对照实地随时描绘地物和等高线。如果测区较大，由多幅图拼接而成，还应及时对各图幅衔接处进行拼接检查，经过检查与整饰，才能获得合乎要求的地形图。

## 一、地物描绘

地物要按地形图图式规定的符号表示。房屋轮廓需用直线连接起来，而道路、河流的弯曲部分则是逐点连成光滑的曲线。不能依比例描绘的地物，应按规定的非比例符号表示。

## 二、等高线勾绘

勾绘等高线时，首先用铅笔轻轻描绘出山脊线、山谷线等地性线，再根据碎部点的高程勾绘等高线。不能用等高线表示的地貌，如悬崖、峭壁、土堆、冲沟、雨裂等，应按图式规定的符号表示。

由于碎部点是选在地面坡度变化处，因此相邻点之间可视为均匀坡度。这样可在两相邻碎部点的连线上，按平距与高差成比例的关系，内插出两点间各条等高线；定出其他相邻两碎部点间等高线应通过的位置。将高程相等的相邻点连成光滑的曲线，即为等高线，勾绘等高线时，要对照实地情况，先画首曲线，后画计曲线，并注意等高线通过山脊线、山谷线的走向。地形图等高距的选择与测图比例尺和地面坡度有关。

## 三、地形图的拼接、检查与整饰

1.地形图的拼接

测区面积较大时，整个测区必须划分为若干幅图进行施测。这样，在相邻图幅连接处,由于测量误差和绘图误差的影响,无论是地物轮廓线还是等高线,往往不能完全吻合。相邻左、右两图幅相邻边的衔接情况,房屋、河流、等高线都有偏差。拼接时用宽5.6 cm的透明纸蒙在左图幅的接图边上,用铅笔把坐标格网线、地物、地貌描绘在透明纸上,然后再把透明纸按坐标格网线位置蒙在右图幅衔接边上,同样用铅笔描绘地物和地貌。当用聚脂薄膜进行测图时,不必描绘图边,利用其自身的透明性,可将相邻两幅图的坐标格网线重叠。若相邻处的地物、地貌偏差不超过规定的要求时,则可取其平均位置,并据此改正相邻图幅的地物、地貌位置。

2. 地形图的检查

为了确保地形图的质量,除施测过程中加强检查外,在地形图测完后,必须对成图质量作一次全面检查。

(1)室内检查 室内检查的内容有:图上地物、地貌是否清晰易读,各种符号注记是否正确,等高线与地形点的高程是否相符,有无矛盾可疑之处,图边拼接有无问题等。如发现错误或疑点,应到野外进行实地检查修改。

(2)外业检查

①巡视检查。根据室内检查的情况,有计划地确定巡视路线,进行实地对照查看。主要检查地物、地貌有无遗漏,等高线是否逼真合理,符号、注记是否正确等。

②仪器设站检查:根据室内检查和巡视检查发现的问题,到野外设站检查,除对发现的问题进行修正和补测外,还要对本测站所测地形进行检查,看原测地形图是否符合要求。仪器检查量每幅图一般为10%左右。

3. 地形图的整饰

当原图经过拼接和检查后,还应清绘和整饰,使图面更加合理、清晰、美观。整饰的顺序是先图内后图外;先地物后地貌;先注记后符号。图上的注记、地物以及等高线均按规定的图式进行注记和绘制,但应注意等高线不能通过注记和地物。最后,应按图式要求写出图名、图号、比例尺、坐标系统及高程系统、施测单位、测绘者及测绘日期等。

## 思考练习题

1. 什么是地形图? 地物? 地貌?

2. 什么是等高线? 等高线分几种?

3. 测图前要做哪些准备工作?

4. 地形图如何进行拼接和整饰?

# 第八章　地形图及其应用

## 第一节　概述

### 一、地形图的分幅与编号

地形图的分幅方法有两种:一种是经纬网梯形分幅法或国际分幅法;另一种是坐标格网正方形或矩形分幅法。前者用于国家基本比例尺地形图,后者用于工程建设大比例尺地形图。

1992 年 12 月,我国颁布了《国家基本比例尺地形图分幅和编号 GB/T139 89—1992》新标准,1993 年 3 月开始实施。新的分幅与编号方法如下:

1:100 万地形图的分幅标准仍按国际分幅法进行。其余比例尺的分幅均以 1:100 万地形图为基础,按照横行数纵列数的多少划分图幅。

1:100 万图幅的编号,由图幅所在的"行号列号"组成。与国际编号基本相同,但行与列的称谓相反。如北京所在 1:100 万图幅编号为 J50。

1:50 万与 1:5000 图幅的编号,由图幅所在的"1:100 万图行号(字符码)1 位,列号(数字码)1 位,比例尺代码 1 位,该图幅行号(数字码)3 位,列号(数字码)3 位"共 10 位代码组成。例如:J50B001001。新分幅编号系统的主要优点是编码系列统一于一个根部,编码长度相同,便于计算机处理。

1. 梯形分幅法

(1) 1:100000 比例尺图的分幅和编号　将一幅 1:1000000 的图,按经差 30′、纬差 20′分为 144 幅 1:100000 的图。分别用 1,2,…,144 代码表示。将 1:100 万图幅的编号加上代码,即为 1:10 图幅的编号,例如 1:10 万图幅的编号为 J-50-1。

(2) 1:100000 比例尺图的分幅和编号　将一幅 1:1000000 的图,按经差 30′、纬差 20′分为 144 幅 1:100000 的图。分别用 1,2,…,144 代码表示。将 1:100 万图幅的编号加上代码,即为 1:10 图幅的编号,例如 1:10 万图幅的编号为 J-50-1。

(3) 1:500000,1:250000,1:100000 地形图的分幅和编号　这三种比例尺图的分幅编号都是以 1:1000000 比例尺为基础的。每幅 1:1000000 的图,划分成 4 幅 1:500000 的图,分别在 1:1000000 的图号后写上各自的代号 A,B,C,D。每幅 1:500000 的图又可分为 4 幅 1:250000 的图,分别以 1,2,3,4 编号。每幅 1:100000

图分为 64 幅 1∶10000 的图,分别以(1),(2),…,(64)表示。

(4)1∶5000 和 1∶2000 比例尺图的分幅编号　1∶5000 和 1∶2000 比例尺图的分幅编号是在 1∶10000 图的基础上进行的。每幅 1∶10000 的图分为 4 幅 1∶5000 的图,分别在 1∶10000 的图号后面写上各自的代号 a,b,c,d。每幅 1∶5000 的图又分成 9 幅 1∶2000 的图,分别以 1,2,…,9 表示图幅的大小及编号。

2. 矩形分幅法

大比例尺地形图大多采用矩形分幅法,它是按统一的直角坐标格网划分的。采用矩形分幅时,大比例尺地形图的编号,一般采用图幅西南角坐标公里数编号法。编号时,比例尺为 1∶500 的地形图,坐标值取至 0.01 km,而 1∶1000,1∶2000 的地形图取至 0.1 km 。

(1)地物符号　地面上的地物和地貌,按国家测绘总局颁发的《地形图图式》中规定的符号描绘于图上。

(2)比例符号　地物的形状和大小均按测图比例尺缩小,并用规定的符号描绘在图纸上,这种符号称为比例符号。如湖泊、稻田和房屋等,都采用比例符号绘制。

(3)非比例符号　有些地物,如导线点、水准点和消火栓等,轮廓较小,无法将其形状和大小按比例缩绘到图上,而采用相应的规定符号表示在该地物的中心位置上,这种符号称为非比例符号。非比例符号均按直立方向描绘,即与地图廓垂直。非比例符号的中心位置与该地物实地的中心位置关系,随各种不同的地物而异,在测图和用图时应注意下列几点:

①规则的几何图形符号,如圆形、正方形、三角形等,以图形几何中心点为实地地物的中心位置。

②底部为直角形的符号,如独立树、路标等,以符号的直角顶点为实地地物的中心位置。

③宽底符号,如烟囱、岗亭等,以符号底部中心为实地地物的中心位置。

④几种图形组合符号,如路灯、消火栓等,以符号下方图形的几何中心为实地地物的中心位置。

⑤下方无底线的符号,如山洞、窑洞等,以符号下方两端点连线的中心为实地地物的中心位置。

例如,一幅 1∶5000 地形图的编号为 20—60,则其他图的编号见图 8-1。

3. 半比例符号

地物的长度可按比例尺缩绘,而宽度不按比例尺缩小表示的符号称为半比例符号。用半比例符号表示的地物常常是一些带状延伸地物,如铁路、公路、通信线、管道、垣栅等。这种符号的中心线,一般表示其实地地物的中心位置,但是城墙和垣棚等,地物中

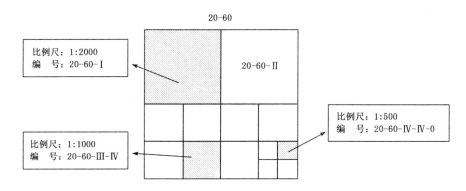

图 8-1　1：5000 基本图号法的分幅编号

心位置在其符号的底线上。

4.地物注记

对地物加以说明的文字、数字或特有符号,称为地物注记。诸如城镇、学校、河流、道路的名称,桥梁的长宽及载重量,江河的流向、流速及深度,道路的去向,森林、果树的类别等,以文字或特定符号加以说明。

**二、地形图的识读**

地形图是包含丰富的自然地理、人文地理和社会经济信息的载体。它是进行建筑工程规划、设计和施工的重要依据。正确地应用地形图,是建筑工程技术人员必须具备的基本技能。

1.地形图图外注记识读

根据地形图图廓外的注记,可全面了解地形的基本情况。例如由地形图的比例尺可以知道该地形图反映地物、地貌的详略;根据测图日期的注记可以知道地形图的新旧,从而判断地物、地貌的变化程度;从图廓坐标可以掌握图幅的范围;通过接合图表可以了解与相邻图幅的关系。了解地形图所使用的《地形图图式》版别,对地物、地貌的识读非常重要。了解地形图的坐标系统、高程系统、等高距、测图方法等,对正确用图有很重要的作用。如图 8-2。

2.地物判读

地物识读前,要熟悉一些常用地物符号,了解地物符号和注记的确切含义。根据地物符号,了解图内主要地物的分布情况,如村庄名称、公路走向、河流分布、地面植被、农田等。

3.地貌判读

地貌识读前,要正确理解等高线的特性,根据等高线,了解图内的地貌情况。首先要知道等高距是多少,然后根据等高线的疏密判断地面坡度及地势走向。

| 编　号 | 符　号　名　称 | 1：500　　1：1000　　1：2000 |
|--------|----------------|------------------------------|
| 10.3 | 崩塌残蚀地貌 | |
| 10.3.1 | 崩崖<br>a.沙、土的<br>b.石质的 | 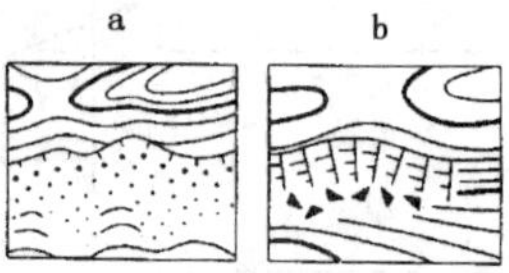 |
| 10.3.2 | 滑坡 | 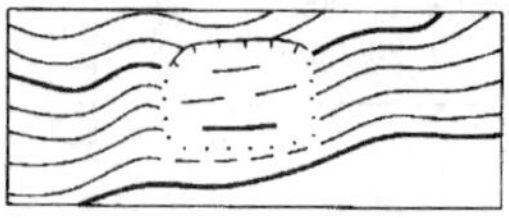 |
| 10.3.3 | 陡崖<br>a.土质的<br>b.石质的 | 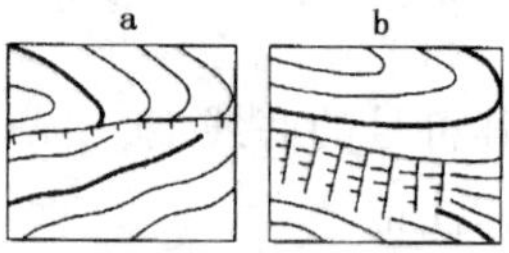 |
| 10.3.4 | 陡石山、露岩地<br>a.陡石山<br>b.露岩地 | 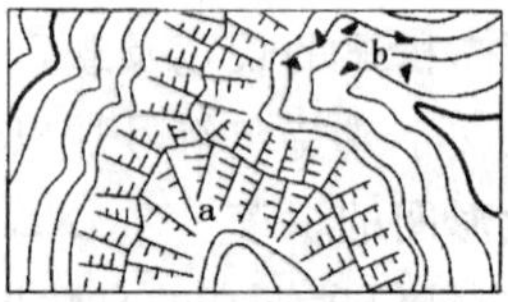 |
| 10.3.5 | 冲沟<br>3.5——深度注记 | 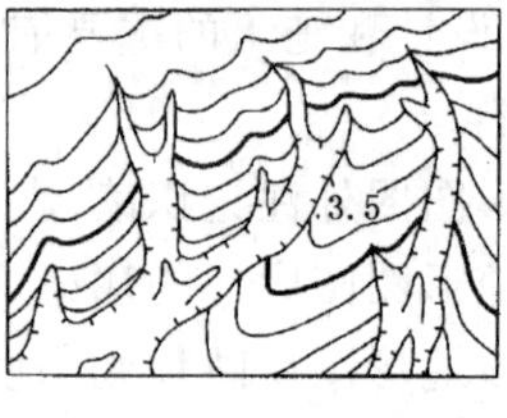 |
| 10.3.6 | 干河床,干涸湖 | 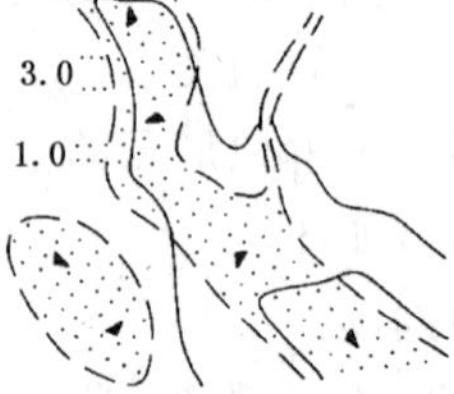 |
| 10.3.7 | 地裂缝<br>a.依比例尺的<br>　2.1——裂缝宽<br>　6.3——裂缝深<br>b.不依比例尺的 | |

图 8-2　地形图注记识读

4.社会经济要素的阅读

普通地理图是以同等详细程度来表示地面上主要的自然和社会经济现象的地图,能比较全面地反映出制图区域的地理特征,包括水系、地形、土质、植被、居民地、交通网、境界线以及主要的社会经济要素等。

(1)居民地 由于比例尺大小变化和居民地规模及其集中、分散程度的不同,普通地图上既可以用依比例尺的真形面状符号表示居民地的分布(如大、中比例尺地形图上的城市、集镇以及乡村),也可以用不依比例尺的定位点状符号位置表示居民地的分布(如比例尺小于1:100万普通地图上的圈形符号)。

居民地的形状主要由外部轮廓和内部结构构成,普通地图上要尽可能依比例尺表示出居民地的真实形状。

居民地的外部轮廓主要由街道网和居民地边缘建筑物构成。随着比例尺缩小,居民地外部形状将由详细过渡到概略,城市形状可用简单外廓表示,小比例尺地图居民地形状则无法显示,只能用图形符号来表达。

居民地的内部结构主要依据街道网图形、街区形状、广场、水域、绿地、空旷用地等来表达。街道网图形构成了居民地的主体结构,在大比例尺地形图上详细表示,即以黑色平行双线符号显示。街区是指街道、河流、道路和围墙等所包围的、由建筑区和非建筑区构成的小区。在地图上要尽可能地依比例尺绘出街区界线,并填充45°斜晕线。

城市、集镇和村庄三种居民地类型,在地图上以其本身图形来区分,以名称注记的字体、字级来辅助表示,如粗等线体(黑体)、中等线体、细等线体分别表示城市、集镇和村庄。

特殊居民地如窑洞、蒙古包、工棚等,在地图上以黑色定位点状符号来表示。

(2)交通线 是重要的社会经济要素。它包括陆地交通、水上交通和管线运输等。普通地图上主要用(半依比例)线状符号的形状、尺寸、颜色和注记表示交通线的分布、类型和等级、形态特征、通行状况等。

(3)境界线 是区域范围的分界线,包括政区界和其他地域界,在图上用不同粗细的短虚线结合不同大小的点线,反映出境界线的等级、位置以及与其他要素的关系。

国界是表示国家领土归属的界线。国界的表示必须根据国家正式签订的边界条约或边界议定书及其附图,按实地位置在图上准确绘出,并在出版前按规定履行审批手续,批准后方能印刷出版。我国地图上的国界用"工"字形短粗线加点的连续线状符号表示,未定界仅用粗虚线表示。当国界以河流或其他线状地物中心线为界,且该地物为单线符号时,国界要沿地物两侧间断交错绘出,每段绘3~4节。

省、自治区、直辖市界用一短线、两点的连续线显示;地区、地级市、自治州、盟界用两短线、一点的连续线表示;县、自治县、旗、县级市界用一短线、一点的连续线表示;自然保护区界用带齿的虚线符号表示。

(4)独立地物　是指地面上独立存在且具有一定方位作用的重要地物,在地图上常以不同形状的点状符号表示其分布、类别及性质。

# 第二节　地形图的一般应用

**一、求图上一点的高程**

在地形图上的任一点,可以根据等高线及高程标记确定其高程。如果所求点不在等高线上,则作一条大致垂直于相邻等高线的线段,量取其线段的长度,按比例内插求得。在图上求某点的高程时,通常可以根据相邻两等高线的高程目估确定。因此,其高程精度低于等高线本身的精度。规范中规定,在平坦地区,等高线的高程中误差不应超过 1/3 等高距;丘陵地区,不应超过 1/2 等高距;山区,不应超过 1 个等高距。由此可见,如果等高距为 1 m,则平坦地区等高线本身的高程误差允许到 0.3 m,丘陵地区为0.5 m,山区可达 1 m。所以,用目估确定点的高程是允许的。

**二、求图上一点的坐标**

要确定图上多点的坐标,首先根据图廓坐标注记和点多的图上位置,绘出坐标方格,然后按比例尺量取长度。由于图纸会产生伸缩,因此使方格边长往往不等于理论长度。为了使求得的坐标值精确,可采用乘伸缩系数进行计算。

**三、图上量测直线的长度、方位角及坡度**

1.确定图上直线的长度

(1)直接量测　用卡规在图上直接卡出线段长度,再与图示比例尺比量,即可得其水平距离。也可以用毫米尺量取图上长度并按比例尺换算为水平距离,但后者受图纸伸缩的影响。

(2)根据两点的坐标计算水平距离　当距离较长时,为了消除图纸变形的影响以提高精度,可用两点的坐标计算距离。

2.求某直线的坐标方位角

(1)图解法　如图 8-3,求直线 $BC$ 的坐标方位角时,可先过 $B$、$C$ 两点精确地作平行于坐标格网纵线的直线,然后用量角器量测 $BC$ 的坐标方位角。同一直线的正、反坐标方位角之差应为 180。

(2)解析法　先求出 $B$,$C$ 两点的坐标,然后再按下式计算 $BC$ 的坐标方位角,当直线较长时,解析法可取得较好的结果。

$$\alpha_{AB} = \text{arctg} \frac{y_E - y_A}{x_E - x_A}$$

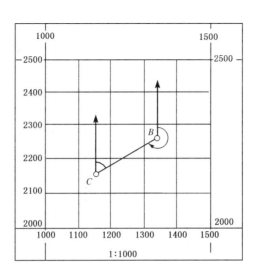

图 8-3 图解法

3.确定直线的坡度

设地面两点间的水平距离为 $D$,高差为 $h$,而高差与水平距离之比称为坡度,以 $i$ 表示,常以百分率或千分率表示。如果两点间的距离较长,中间通过疏密不等的等高线,则上式所求地面坡度为两点间的平均坡度。

$$i = \frac{h}{D} = \frac{h}{d \cdot M}$$

# 第三节　地形图在工程中的应用

**一、地形图在线路工程中的应用**

在各种线路工程设计中,为了进行填挖土、石方量的概算,以及合理地确定线路的纵坡,都需要了解沿线路方向的地面起伏情况,为此,常需利用地形图绘制沿指定方向的纵断面图。见图 8-4。

欲沿 $MN$ 方向绘制断面图,可在绘图纸或方格纸上绘制 $MN$ 水平线,过 $M$ 射点作 $MN$ 的垂线作为高程轴线,然后在地形图上用卡规自 $M$ 点分别卡出 $M$ 点至各点的距离,并分别在图上自 $M$ 点沿 $MN$ 方向截出相应的点。再在地形图上读取各点的高程,按高程轴线向上画出相应的垂线。最后,用光滑的曲线将各高程线顶点连接起来,即得 $MN$ 方向的断面图。

断面过山脊、山顶或山谷处的高程变化点的高程,可用比例内插法求得。绘制断面

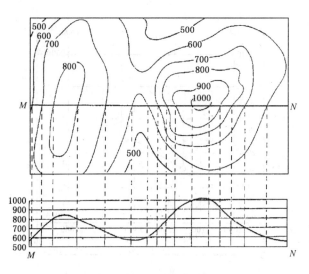

图 8-4　地形图纵断面图

图时,高程比例尺比水平比例尺大 10～20 倍是为了使地面的起伏变化更加明显。如,水平比例尺是 1∶2000,高程比例尺为 1∶200。

**二、地形图在水利工程中的应用**

修筑道路时有时要跨越河流或山谷,这时就必须建桥梁或涵洞,兴修水库必须筑坝拦水,而桥梁、涵洞孔径的大小、水坝的设计位置与坝高、水库的蓄水量等,都要根据汇集于这个地区的水流量来确定。汇集水流量的面积称为汇水面积。

由于雨水是沿山脊线(分水线)向两侧山坡分流,所以汇水面积的边界线是由一系列的山脊线连接而成的。一条公路经过山谷,拟在 M 处架桥或修涵洞,其孔径大小应根据流经该处的流水量决定,而流水量又与山谷的汇水面积有关。量测该面积的大小,再结合气象水文资料,便可进一步确定流经公路 M 处的水量,从而对桥梁或涵洞的孔径设计提供依据。

确定汇水面积的边界线时,应注意以下两点:

(1)边界线(除公路段外)应与山脊线走向一致,且与等高线垂直。

(2)边界线是经过一系列的山脊线、山头和鞍部的曲线,并与河谷的指定断面(公路或水坝的中心线)闭合。

**三、地形图在城市规划中的应用**

在城镇规划中,总体布置应充分考虑地形因素。在总体规划阶段,常选用 1∶10000 或 1∶5000 的地形图;在详细规划阶段,考虑到建筑物、道路、排水给水等各项工程初步设计的需要,通常选用 1∶2000,1∶1000,1∶500 等比例尺的地形图。应用地形图进行小区规划或建筑群体布置时,一般要求处理好以下几个方面的问题。

1. 地貌与建筑群体布置

一般坡度在 5% 以下时,建筑群体布置可不受限制;当坡度为 5%～10% 时(缓坡),布置建筑群体可采用筑台和提高勒脚的方法来处理;当坡度大于 10% 时,要根据地形、使用要求及经济效果来综合考虑布置形式。

在山地或丘陵地区进行建筑群体布置时,因大部分地面坡度大于 10%,要注意适应地形变化;尽量减少土方量,争取绝大部分的建筑有良好的朝向,并提高日照、通风的效果。

2. 地貌与服务性建筑的布置

服务性建筑的布置,要使居民地能在一定的范围内满足日常生活上的需要。为此,应用地形图进行居住区规划设计时,要结合地形考虑服务半径的大小,还要考虑服务高差,宜将其设在高差中心处,以减少上下坡的距离,使该区居民均感方便。一般顺等高线方向交通便利,其服务半径可以大些;而垂直等高线方向,则坡坎或梯道较多,交通较为不便,其服务半径则宜小些。

3. 地貌与建筑通风

山地或丘陵地区的建筑通风,除了季风的影响外,还受建筑用地的地貌及温差而产生的局部地方风的影响,有时这种地方小气候对建筑通风起着主要作用,人们称其为地形风。常见的地形风有顺坡风、山谷风、越山风等,其成因各不相同。

地形风受地形条件的影响,不仅种类不同,而且风向变化也不同。在山地或丘陵地利用地形图作规划设计时,结合风向与地形的关系来考虑建筑的分区和布置,是不可忽视的问题。

4. 地貌与建筑日照

在平地,建筑群合理日照间距只与建筑物布置形式和朝向有关,而在山地和丘陵地区,建筑物日照间距除布置形式和朝向两个因素外,受地貌坡向和坡度的影响比较明显。因此,利用地形图布置建筑物时,要根据地貌的坡度和坡向密切结合建筑布置形式和朝向,确定合理的建筑日照间距。

**四、地形图的野外应用**

利用地形图进行野外调查和填图工作,就是地形图的野外应用。地形图是野外调查的工作底图和基本资料,任何一种野外调查工作都必须利用地形图。

**五、在地形图上量算图形面积**

在地形图上量测并计算面积是地形图应用的一个重要方面,求算面积的方法很多,以下分类介绍几种常用的方法。

1. 图解法

其特点是在地形图上,直接测量待定图形的面积,见图 8-5。

（1）方格纸法　数方格的个数，计算面积。

（2）平行线法　分解成梯形，计算面积。

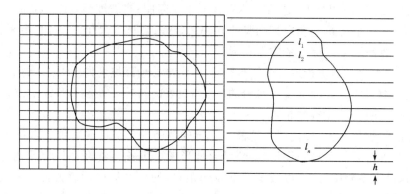

图 8-5　图解法量测面积

## 2.解析法

面积公式：相邻顶点与坐标轴（$X$ 或 $Y$）所围成的各梯形面积的代数和，见图 8-6。

$$P = \frac{1}{2}\left[(x_1 + x_2)(y_2 - y_1) + (x_2 + x_3)(y_3 - y_2) - (x_3 + x_4)(y_3 - y_4) - (x_4 + x_1)(y_4 - y_1)\right]$$

整理成：$P = \frac{1}{2}\left[x_1(y_2 - y_4) + x_2(y_3 - y_1) + x_3(y_4 - y_2) + x_4(y_1 - y_3)\right]$

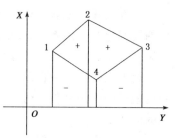

图 8-6　解析法量测面积

写成以下四种形式的通用公式：

$$P = \frac{1}{2}\sum_{i=1}^{n} x_i(y_{i+1} - y_{i-1})$$

$$P = \frac{1}{2}\sum_{i=1}^{n} y_i(x_{i+1} - x_{i-1})$$

$$P = \frac{1}{2}\sum_{i=1}^{n} (x_i + x_{i+1})(y_{i+1} - y_i)$$

$$P = \frac{1}{2}\sum_{i=1}^{n} (x_i y_{i+1} - y_{i+1} y_i)$$

## 3.求积仪法

求积仪是一种专门供图上量算面积的仪器，其优点是操作简便、速度快、适用于任意曲线图形的面积量算，且能保证一定的精度，见图 8-7。求积仪有机械求积仪和电子求积仪两种。

图 8-7 求积仪法量测面积

(1)机械求积仪 使用时将底部具有小针的重物压于图纸上作为极点,然后将针尖沿着图形的轮廓线移动一周,在记数盘与测轮上读得分划值,从而算出图形的面积。

①仪器的检查。使用求积仪之前,都应对求积仪的质量进行检查。求积仪的质量要求及检查方法如下:

1)计数轮转动平衡、自如。计数轮和游标之间的空隙不宜太大,但也不宜太紧。拨动计数轮后,计数轮应能自由转动;转动过程中不发生摩擦,最后悠悠渐停。游标与计数轮的间隙不合适,可用游标旁的螺旋进行调整。

2)游标刻度与计数轮刻度对应。计数轮上的任意 9 个要对应游标上的 10 个分划刻度。否则,不能作用。

3)计数轮的转动轴与描述臂平行。检查的方法是利用检验尺按左、右两极位测算面积,如果两极读数之差在 2～3 分划数以内,可认为符合要求,否则就不任命质量要求。为了消除这一误差的影响,对控制面积的量算都必须进行左、右两极位的量算。量算结果相差小于 3～4 个分划数,则取其平均值。

4)求积仪的全部构件必须齐全,重锤底部的短针和描迹针是否弯曲或磨损。

②固定图纸。量算面积时,将图纸展放在平滑的呈水平状的图板上,并予以固定。

③分划值的测定。求积仪的分划值表示游标上每一个分划刻度代表的面积,即求积仪单位读数所代表的面积。对一定长度的描迹臂,分划值是一个常数,一般用"c"表示,故亦称 c 值。在仪器盒内或说明书中一般都注有描迹臂长度以及图纸比例尺对应

的 $c$ 值。定臂求积仪的分草值只与图件比例尺有关。

求积仪常数有两种。当被量算图形面积较小时,求积仪极点放在图形外,按求积公式 $P=c(n_2-n_1)$ 求积,式中 $c$ 值称为求积仪分划值(乘常数),较大的图形应分成若干小块,用求积仪分别测定,然后相加求之。否则,要把极点置于图形内,方可顺利绕经全周,这时要按公式 $P=c(n_2-n_1)+Q$ 求积,式中 $Q$ 是求积仪加常数,通常不采用后一种方法求积。

④适用范围及过小图形的量测。求积仪量算面积最适宜于面积大而长度相近的不规则图形(一般图上面积应$>1$ cm$^2$)。在面积相同的情况下,长度之间差值越大,误差越大;图上小于 1 cm$^2$ 的图斑,一般不宜用求积仪法量算,$<5$ cm$^2$ 的图形,用求积仪量算也不十分理想;量测小图形时必须用增加行圈数的办法来提高精度;图上面积为 1~2 cm$^2$ 须连续绕行三圈,每次分划数需用连续绕行三圈后的累计读数减去起始读数,并除以 3 来求得;图上面积为 2~5 cm$^2$ 时,每次分划数需用连续绕行二圈后的累计读数减去起始读数,再除以 2 来求得。

(2)电子求积仪

①使用方法及注意事项。求积仪具有续电功能(短时间内可使用),可选择插电与否。

使用单位见表 8-1。

**表 8-1　电子求积仪使用单位**

| 1 | 2 | 3 | 4 | 5 | 6 | 7 | 8 |
|---|---|---|---|---|---|---|---|
| mm | cm | m | km | in(英寸) | ft(英尺) | mi(英里) | ac(英亩) |

使用符号见表 8-2。

**表 8-2　电子求积仪使用符号**

| | CE/C | 归零 |
|---|---|---|
| 圆形盘 | Set | 设定 |
| | $+\sum$ | 累加(在欲累加值之后按) |
| | →M | 记忆(在欲记忆值之后按) |
| | End A/L | 结束计算(End)或 Line 与 Area 转换 |
| 柄端 | 黄色按钮 | 开始(start/point) |
| | Continuous | 按,表示连续放是计算路径 |
| | | 不按,表示取两点之间的直线距离来计算 |

②使用步骤

1）使用 Continuous

打开 POWER(将求积仪柄末的"乌龟头"抬起)

↓

设定使用单位(如 km)和地图比例尺(如 1/25000)

操作流程：(set) ＋　km ＋ set ＋ 25000 ＋ set ＋ set

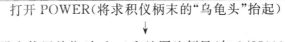

R 闪动　　　R′闪动

开始操作(以仪器前端圆形放大镜中⊙的红心点来对准起点)

↓

按 Continuous(红灯亮起)

↓

按 start(屏幕出现 0　闪动)

↓

执行(放大镜中⊙的红心点来对准所行路径)

注意：求积仪的仪器棒角度不可太大，否则屏幕会出现 ERROR，必须归零重作!

↓

结束，按 End(屏幕出现所求数字与单位)

↓

所走路径面积与距离长度的转换，按 A/L

↓

同一个单位、比例尺之下重作，按 CE/C，再按 start

2)使用 Continuous

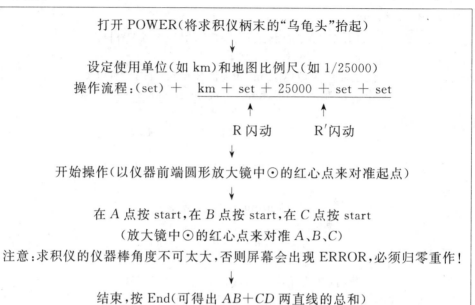

打开 POWER(将求积仪柄末的"乌龟头"抬起)

↓

设定使用单位(如 km)和地图比例尺(如 1/25000)

操作流程:(set) ＋ km ＋ set ＋ 25000 ＋ set ＋ set

↑ R 闪动 ↑ R′闪动

↓

开始操作(以仪器前端圆形放大镜中⊙的红心点来对准起点)

↓

在 A 点按 start,在 B 点按 start,在 C 点按 start

(放大镜中⊙的红心点来对准 A、B、C)

注意:求积仪的仪器棒角度不可太大,否则屏幕会出现 ERROR,必须归零重作!

↓

结束,按 End(可得出 AB＋CD 两直线的总和)

## 思考练习题

1.地形图的分幅法有哪几种? 有什么不同之处?

2.地形图在城市规划中如何应用?

3.在地形图上如何量算图形面积?

# 第九章　全站仪

## 第一节　全站仪构造

全站型电子速测仪简称全站仪,是一种可以同时进行角度(水平角、竖直角)测量、距离(斜距、平距、高差)测量和数据处理,由机械、光学、电子元件组合而成的测量仪器。由于只需一次安置仪器便可以完成测站上所有的测量工作,故被称为"全站仪"。全站仪自动化程度高,功能多,精度好,通过配置适当的接口,可使野外采集的测量数据直接进入计算机进行数据处理或进入自动化绘图系统。与传统的方法相比,省去了大量的中间人工操作环节,使劳动效率和经济效益明显提高,同时也避免了人工操作、记录等过程中差错率较高的缺陷。

**一、全站仪的基本组成及结构**

1. 全站仪的基本组成

全站仪由电子测角、光电测距、电子补偿、微机处理装置四大部分组成。其微机处理装置是由微处理器、存储器、输入和输出部分组成。微处理装置的主要功能是根据键盘指令启动仪器进行测量工作,执行测量过程中的检核和数据传输、处理、显示、储存等工作,保证整个光电测量工作有条不紊地进行。在全站仪的只读存储器中固化了一些测量程序,测量过程由程序完成。一般全站仪的基本组成原理如图9-1所示。

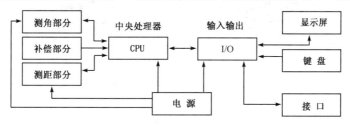

图 9-1　全站仪组成原理

图中电源部分是可充电电池,为各部分供电;测角部分为电子经纬仪,可以测定水平角、竖直角、设置方位角;补偿部分可以实现仪器垂直轴倾斜误差对水平、垂直角度测量影响的自动补偿改正;测距部分为光电测距仪,可以测定两点之间的距离,中央处理器接受输入指令、控制各种观测作业方式、进行数据处理等;输入、输出包括键盘、显示屏、双向数据通信接口,使全站仪能与磁卡和微机等设备交互通信、传输数据。

2.全站仪的结构

全站仪按其结构可分为组合式和整体式两类:

(1)积木型(Modular,又称组合型) 早期的全站仪,大都是积木型结构,即电子速测仪、电子经纬仪、电子记录器各是一个整体,可以分离使用,也可以通过电缆或接口把它们组合起来,形成完整的全站仪。

(2)整体式(Integral,也叫集成式) 随着电子测距仪进一步的轻巧化,现代的全站仪大都把测距、测角和记录单元在光学、机械等方面设计成一个不可分割的整体,其中测距仪的发射轴、接收轴和望远镜的视准轴为同轴结构。这对保证较大垂直角条件下的距离测量精度非常有利。这类仪器使用非常方便,一次瞄准就能同时测出方向和距离,其结果即可自动显示和记录,避免了人为的读数差错,精度好、效率高,几乎是同时获得平距、高差和点的坐标,电子手簿常作为附件单独连接。20 世纪 90 年代以来,全站仪基本上都发展成为了集成式全站仪,见图 9-2。

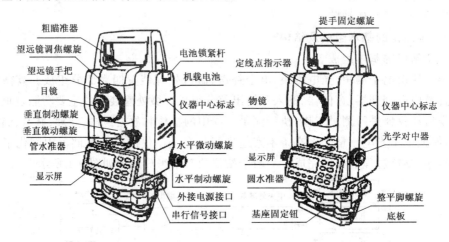

图 9-2  全站仪的基本结构

**二、测绘中常见的全站仪**

常见的全站仪有日本(SOKKIA)SET 系列、拓普康(TOPOCON)GTS 系列、尼康(NIKON)DTM 系列、瑞士徕卡(LEICA)TPS 系列,我国的 NTS 和 ETD 系列。随着计算机技术的不断发展与应用,以及为满足用户的特殊要求,出现了带内存、防水型、防爆型、电脑型、马达驱动型等各种类型的全站仪,有的全站仪还具有免棱镜测量功能,有的全站仪则还具有自动跟踪照准功能,被喻为测量机器人。另外,有的厂家还将 GPS

接收机与全站仪进行集成,生产出了 GPS 全站仪,使得这一最常规的测量仪器越来越能满足各项测绘工作的需求,发挥了更大的作用。

# 第二节　全站仪的使用

不同型号的全站仪,其具体操作方法会有较大的差异。下面简要介绍全站仪的基本操作与使用方法。

**一、全站仪的基本操作**

1.准备工作

(1)电池的安装(注意:测量前电池需充足电)

①把电池盒底部的导块插入装电池的导孔。

②按电池盒的顶部直至听到"咔嚓"响声。

③向下按解锁钮,取出电池。

(2)仪器的安置

①在实验场地上选择一点,作为测站,另外两点作为观测点。

②将全站仪安置于点,对中、整平。

③在两点分别安置棱镜。

(3)竖直度盘和水平度盘指标的设置

①竖直度盘指标设置。松开竖直度盘制动钮,将望远镜纵转一周(望远镜处于盘左,当物镜穿过水平面时),竖直度盘指标即已设置。随即听见一声鸣响,并显示出竖直角。

②水平度盘指标设置。松开水平制动螺旋,旋转照准部 360°,水平度盘指标即自动设置。随即一声鸣响,同时显示水平角。至此,竖直度盘和水平度盘指标已设置完毕。注意:每当打开仪器电源时,必须重新设置新的指标。

(4)调焦与照准目标　操作步骤与一般经纬仪相同,注意消除视差。

2.基本操作

全站仪有一操作键盘和显示屏,通过观测和键盘的操作,会在显示屏上显示出各种数据。

(1)键盘操作　各种操作键的功能见(表9-1)。按 POWER 键打开电源开关后,可直接进入角度测量,如按◢键或↥键可进行距离测量或坐标测量,若按 MENU 键,将进入菜单测量模式。

表 9-1　全站仪键盘操作键

| 键 | 名　称 | 功　　能 |
|---|---|---|
| POWER | 电源 | 电源开关 |
| ★ | 星键 | 1.显示屏对比度　2.十字丝照明　3.背景光<br>4.倾斜改正　5.设置大气改正和棱镜常数 |
| ↗ | 坐标测量键 | 坐标测量模式 |
| ◢ | 距离测量键 | 距离测量模式 |
| ANG | 角度测量键 | 角度测量模式 |
| MENU | 菜单键 | 在菜单角模式和之间切换,在菜单角模式下可设应用测量与<br>照明调节、仪器系统误差改正 |
| ESC | 退出键 | 1.返回测量或上一层模式<br>2.从正常测量直接进入数据采集模式或放样模式<br>3.也可用作为正常测量模式下的记录键 |
| ENT | 确认输入键 | 在输入值末尾按此键 |
| F1—F4 | 软键(功能键) | 对应于显示的软键功能信息 |

（2）显示屏显示的符号（表 9-2）

表 9-2　全站仪显示屏

| 显示 | 内　容 | 显示 | 内　容 |
|---|---|---|---|
| V(V%) | 垂直角(坡度显示) | N | 北向坐标($X$) |
| HR | 水平角(右角) | E | 东向坐标($Y$) |
| HL | 水平角(左角) | Z | 高程($H$) |
| HD | 水平距离 | * | EDM(电子测距)正在进行 |
| VD | 高差 | m | 以米为单位 |
| SD | 倾斜距离 | f | 以英尺/英寸为单位 |

在显示屏右边的各操作键与显示屏下方的软键(功能键)配合,将组合成各种各样的功能,并在显示屏上显示出各种信息(图 9-3)。

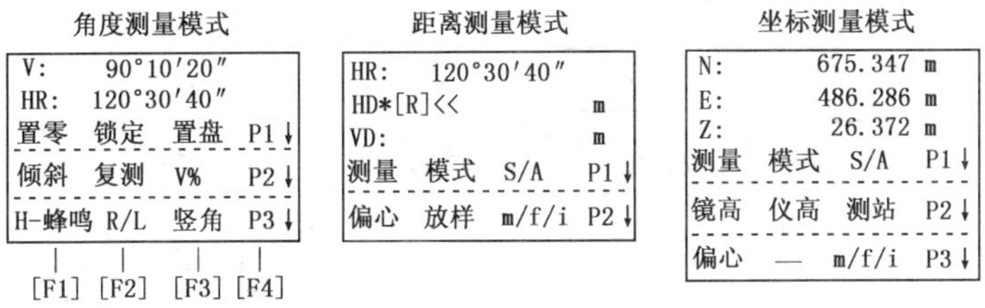

```
       角度测量模式              距离测量模式              坐标测量模式
  ┌──────────────────┐   ┌──────────────────┐   ┌──────────────────┐
  │ V:     90°10′20″ │   │HR:   120°30′40″  │   │N:    675.347 m   │
  │ HR:   120°30′40″ │   │HD*[R]<<       m  │   │E:    486.286 m   │
  │ 置零 锁定 置盘 P1↓│   │VD:            m  │   │Z:     26.372 m   │
  │ 倾斜 复测 V% P2↓ │   │测量 模式 S/A P1↓ │   │测量 模式 S/A P1↓ │
  │ H-蜂鸣 R/L 竖角 P3↓│   │偏心 放样 m/f/i P2↓│  │镜高 仪高 测站 P2↓│
  └──────────────────┘   └──────────────────┘   │偏心 — m/f/i P3↓  │
    │    │    │    │                              └──────────────────┘
   [F1] [F2] [F3] [F4]
```

图 9-3　全站仪的各种显示信息

(3)星键用于各种设置(表 9-3)

表 9-3　全站仪星键

| 键 | 显示符号 | 功　　　能 |
|---|---|---|
| F1 | 照明 | 显示屏背景光开关 |
| F2 | 倾斜 | 设置倾斜改正,若设置为开,则显示倾斜改正值 |
| F3 | 定线 | 定线点指示器开关(仅适用于有定线点指示器类型) |
| F4 | S/A | 显示 EDM 回光信号强度(信号)、大气改正值(PPM)和棱镜常数值 |
| ▲或▼ | 黑白 | 调节显示屏对比度(0~9 级) |
| ◀或▶ | 亮度 | 调节十字丝照亮度(1~9 级),十字丝照明开关和显示屏背景光开关是联通的 |

当通过主程序运行与星键相同的功能时,则星键模式无效。

(4)菜单测量　按菜单键[MENU],仪器进入菜单模式,在此模式下可进行数据采集、放样、存储管理、程序测量以及设置和调节工作(图 9-4)。

(5)字母数字输入方法　当输入仪器高、棱镜高、测站点和后视点等有关字母与数字时,需要用键盘输入这些字符或数字。

①利用[▲]键或[▼]键,使箭头指示要输入的条目

例如:数据采集模式输入仪器高时,可按[▲]键或[▼]键,上下移动箭头至仪器高行(图 9-5),按[F1](输入)键,箭头即变成等于(=),即可输入仪器高数值。

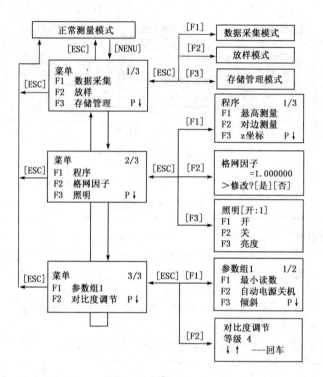

图 9-4　菜单模式

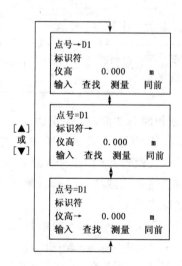

图 9-5　输入选项

②输入字符(图 9-6)

1)用[▲]键或 [▼]将箭头移到待输入的条目

2)按[F1](输入)键,箭头即变成等于(＝),这时在底行上显示字符。

3)按相应的软键(功能键),依次输入数字(或字母),最后按[ENT]键确认即可。

4)若修改字符,可将箭头移动到修改的字符上并再次输入。

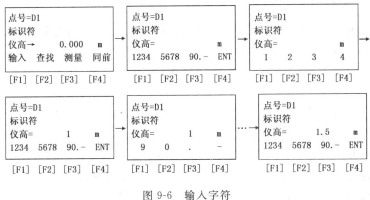

图 9-6 输入字符

3.全站仪使用的注意事项与维护

(1)全站仪保管的注意事项

①仪器的保管由专人负责,每天现场使用完毕带回办公室,不得放在现场工具箱内。

②仪器箱内应保持干燥,要防潮防水并及时更换干燥剂。仪器须放置专门架上或固定位置。

③仪器长期不用时,应一月左右定期通风防霉并通电驱潮,以保持仪器的良好工作状态。

④仪器放置要整齐,不得倒置。

(2)使用时注意事项

①开工前应检查仪器箱背带及提手是否牢固。

②开箱后提取仪器前,要看准仪器在箱内放置的方式和位置,装卸仪器时,必须握住提手;将仪器从仪器箱取出或装入仪器箱时,请握住仪器提手和底座,不可握住显示单元的下部。切不可拿仪器的镜筒,否则会影响内部固定部件,从而降低仪器的精度。应握住仪器的基座部分,或双手握住望远镜支架的下部。仪器用毕,先盖上物镜罩,并擦去表面的灰尘。装箱时各部位要放置妥帖,合上箱盖时应无障碍。

③在太阳光照射下观测仪器,应给仪器打伞,并带上遮阳罩,以免影响观测精度。在杂乱环境下测量,仪器要有专人守护。当仪器架设在光滑的表面时,要用细绳(或细

铅丝)将三脚架三个脚联起来,以防滑倒。

④当架设仪器在三脚架上时,尽可能用木制三脚架,因为使用金属三脚架可能会产生震动,从而影响测量精度。

⑤若测站之间距离较远,搬站时应将仪器卸下,装箱后背着走。行走前要检查仪器箱是否锁好,检查安全带是否系好。若测站之间距离较近,搬站时可将仪器连同三脚架一起靠在肩上,但仪器要尽量保持直立放置。

⑥搬站之前,应检查仪器与脚架的连接是否牢固,搬运时,应把制动螺旋略微关住,使仪器在搬站过程中不至于晃动。

⑦仪器任何部分发生故障,不要勉强使用,应立即检修,否则会加剧仪器的损坏程度。

⑧元件应保持清洁,如沾染灰沙必须用毛刷或柔软的擦镜纸擦掉。禁止用手指抚摸仪器的任何光学元件表面。清洁仪器透镜表面时,请先用干净的毛刷扫去灰尘,再用干净的无线棉布沾酒精由透镜中心向外一圈圈地轻轻擦拭。除去仪器箱上的灰尘时切不可使用任何稀释剂或汽油,而应用干净的布块沾中性洗涤剂擦洗。

⑨湿环境中工作,作业结束,要用软布擦干仪器表面的水分及灰尘后装箱。回到办公室后立即开箱取出仪器放于干燥处,彻底凉干后再装箱内。

⑩冬天室内、室外温差较大时,仪器搬出室外或搬入室内,应隔一段时间后才能开箱。

(3)电池的使用  电池是全站仪最重要的部件之一,现在全站仪所配备的电池一般为 Ni—MH(镍氢电池)和 Ni—Cd(镍镉电池)。电池的好坏、电量的多少决定了外业时间的长短。

①建议在电源打开期间不要将电池取出,因为此时存储数据可能会丢失,要在电源关闭后再装入或取出电池。

②可充电池可以反复充电使用,但是如果在电池还存有剩余电量的状态下充电,则会缩短电池的工作时间,此时,电池的电压可通过刷新予以复原,从而改善作业时间,充足电的电池放电时间约 8 小时。

③不要连续进行充电或放电,否则会损坏电池和充电器,如有必要进行充电或放电,则应在停止充电约 30 分钟后再使用充电器。不要在电池刚充电后就进行充电或放电,有时这样会造成电池损坏。

④超过规定的充电时间会缩短电池的使用寿命,应尽量避免电池剩余容量显示级别与当前的测量模式有关,在角度测量的模式下,电池剩余容量够用,并不能够保证电池在距离测量模式下也能用。因为距离测量模式耗电高于角度测量模式,当从角度模式转换为距离模式时,由于电池容量不足,不时会中止测距。

总之,只有在日常的工作中注意全站仪的使用和维护,注意全站仪电池的充放电,才能延长全站仪的使用寿命,使全站仪的功效发挥到最大。

**二、全站仪的使用方法**

1.角度测量

(1)首先从显示屏上确定是否处于角度测量模式,如果不是,则按操作转换为距离模式。

(2)盘左瞄准左目标 $A$,按置零键,使水平度盘读数显示为 $0°00'00''$,顺时针旋转照准部,瞄准右目标 $B$,读取显示读数。

(3)同样方法可以进行盘右观测。

(4)如果测竖直角,可在读取水平度盘的同时读取竖盘的显示读数。

角度测量模式下各功能键的功能见表9-4。

表 9-4　角度测量模式

| 页数 | 软键 | 显示符号 | 功　　　　能 |
|---|---|---|---|
| 1 | F1 | 置零 | 水平角置为 $0°00'00''$ |
| | F2 | 锁定 | 水平角读数锁定 |
| | F3 | 置盘 | 通过键盘输入数字设置水平角 |
| | F4 | P1↓ | 显示第 2 页软键功能 |
| 2 | F1 | 倾斜 | 设置倾斜改正开或关,若选择开,则显示倾斜改正值 |
| | F2 | 复测 | 角度重复测量模式 |
| | F3 | V% | 垂直角度百分比坡度(%)显示 |
| | F4 | P2↓ | 显示第 3 页软键功能 |
| 3 | F1 | H－蜂鸣 | 仪器每转动水平角 90°是否要发出蜂鸣声的设置 |
| | F2 | R/L | 水平角右/左计数方向的转换 |
| | F3 | 竖盘 | 垂直角显示格式(高度角/天顶距)的切换 |
| | F4 | P3↓ | 显示下一页(第 1 页)软键功能 |

2.距离测量

(1)设置棱镜常数　测距前须将棱镜常数输入仪器中,仪器会自动对所测距离进行改正。

(2)设置大气改正值或气温、气压值　光在大气中的传播速度会随大气的温度和气压而变化,15℃和 760 mmHg 是仪器设置的一个标准值,此时的大气改正为 0 ppm*。实测时,可输入温度和气压值,全站仪会自动计算大气改正值(也可直接输入大气改正值),并对测距结果进行改正。

(3)量仪器高、棱镜高并输入全站仪。

(4)距离测量　照准目标棱镜中心,按测距键,距离测量开始,测距完成时显示斜距、平距、高差。$HD$ 为水平距离,$VD$ 为倾斜距离。

全站仪的测距模式有精测模式、跟踪模式、粗测模式三种。精测模式是最常用的测距模式,测量时间约为 2.5 s,最小显示单位为 1 mm;跟踪模式常用于跟踪移动目标或放样时连续测距,最小显示一般为 1 cm,每次测距时间约为 0.3 s;粗测模式测量时间约为 0.7 s,最小显示单位为 1 cm 或 1 mm。在距离测量或坐标测量时,可按测距模式(MODE)键选择不同的测距模式。

应注意,有些型号的全站仪在距离测量时不能设定仪器高和棱镜高,显示的高差值是全站仪横轴中心与棱镜中心的高差。

距离测量模式下各功能键的功能见表 9-5。

表 9-5　距离测量模式

| 页数 | 软键 | 显示符号 | 功　　能 |
|---|---|---|---|
| 1 | F1 | 测量 | 启动测量 |
| | F2 | 模式 | 设置测距模式精测/粗测/跟踪 |
| | F3 | S/A | 设置音响模式 |
| | F4 | P1↓ | 显示第 2 页软键功能 |
| 2 | F1 | 偏心 | 偏心测量模式 |
| | F2 | 放样 | 放样测量模式 |
| | F3 | m/f/i | 米、英尺或英寸单位的变换 |
| | F4 | P2↓ | 显示第 1 页软键功能 |

3.坐标测量

(1)设定测站点的三维坐标。

(2)设定后视点的坐标或设定后视方向的水平度盘读数为其方位角。当设定后视点的坐标时,全站仪会自动计算后视方向的方位角,并设定后视方向的水平度盘读数为

---

　＊　ppm 为 $10^{-6}$。

其方位角。

（3）设置棱镜常数。

（4）设置大气改正值或气温、气压值。

（5）量仪器高、棱镜高并输入全站仪。

（6）照准目标棱镜，按坐标测量键，全站仪开始测距并计算显示测点的三维坐标。

坐标测量模式下各功能键的功能见表9-6。

表 9-6　坐标测量模式

| 页数 | 软键 | 显示符号 | 功　　能 |
|---|---|---|---|
| 1 | F1 | 测量 | 开始测量 |
|  | F2 | 模式 | 设置测距模式精测/粗测/跟踪 |
|  | F3 | S/A | 设置音响模式 |
|  | F4 | P1↓ | 显示第2页软键功能 |
| 2 | F1 | 镜高 | 输入棱镜高 |
|  | F2 | 仪高 | 输入仪器高 |
|  | F3 | 测站 | 输入测站点(仪器站)坐标 |
|  | F4 | P2↓ | 显示第3页软键功能 |
| 3 | F1 | 偏心 | 偏心测量模式 |
|  | F3 | m/f/i | 米、英尺或英寸单位的变换 |
|  | F4 | P3↓ | 显示第1页软键功能 |

# 第三节　全站仪测量

**一、放样**

1.点位放样

（1）功能　根据设计的待放样点 $P$ 的坐标，在实地标出 $P$ 点的平面位置及填挖高度。

（2）放样原理（见图9-7）

①在大致位置立棱镜，测出当前位置的坐标。

②将当前坐标与待放样点的坐标相比较，得距离差值 $dD$ 和角度差 $dHR$ 或纵向差值 $\Delta X$ 和横向差值 $\Delta Y$。

③根据显示的 $dD$, $dHR$ 或 $\Delta X$, $\Delta Y$，逐渐找到放样点的位置。

**2.坐标放样**

①按 MENU,进入主菜单测量模式。

②按 LAYOUT,进入放样程序,再按 SKP ,略过使用文件。

③按 OOC. PT (F1),再按 NEZ,输入测站 $O$ 点的坐标$(x_0,y_0,H_0)$;并在 INS. HT 一栏,输入仪器高。

④按 BACKSIGHT (F2),再按 NE/AZ,输入后视点 $A$ 的坐标$(x_A,y_A)$;若不知 $A$ 点坐标而已知坐标方位角,则可再按 AZ ,在 HR 项输入 $\alpha_{04}$ 的值。瞄准 $A$ 点,按 YES 。

⑤按 LAYOUT(F3),再按 NEZ,输入待

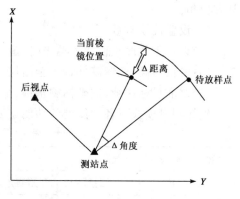

图 9-7　放样原理

放样点 $B$ 的坐标( $x_B,y_B,H_B$)及测杆单棱镜的镜高后,按 ANGLE (F1)。使用水平制动和水平微动螺旋,使显示的 $dHR=0°00'00''$,即找到了 $OB$ 方向,指挥持测杆单棱镜者移动位置,使棱镜位于 $OB$ 方向上。

⑥按 DIST ,进行测量,根据显示的 $dHD$ 来指挥持棱镜者沿 $OB$ 方向移动,若 $dHD$ 为正,则向 $O$ 点方向移动;反之若 $dHD$ 为负,则向远处移动,直至 $dHD=0$ 时,立棱镜点即为 $B$ 点的平面位置。

⑦其所显示的 $dZ$ 值即为立棱镜点处的填挖高度,正为挖,负为填。

⑧按 NEXT ——反复⑤、⑥ 两步,放样下一个点 $C$。

**二、导线测量**

**1.全站仪导线测量外业**

全站仪导线的布设形式与普通导线一样。其外业工作主要包括:

(1)踏勘选点　首先应根据测量的目的、测区的大小以及测图比例尺来确定导线的布设,然后再到测区内踏勘,根据测区的地形条件确定导线的布设形式。最好是结合已有的可利用的测量成果综合考虑布点方案。

导线点位选定后,要用标志将点位在地面上标定下来。一般的图根点常用木桩、铁钉等标志标定点位。点位标定后,应进行点的统一编号,并且应绘制点之记略图,以便于寻找点位。

(2)坐标测量　在全站仪坐标测量模式下观测导线点的三维坐标$(x,y,z)$,以此可获得各个导线点的坐标。然后再切换到距离、角度测量模式测得距离 $D$、水平角、高差 $h$,以备后用检核。并且记入记录簿。

(3)导线起始数据确定　全站仪进行导线测量,必须知道两点的直角坐标,或是知

道一个起始点的坐标和一条边的坐标方位角。起始点的坐标通常是已知的,在测区或测区附近一般可以找到。如果起始点未知,则可采用测角交会的方法求得,如可用前方交会、侧方交会和后方交会等。

2.全站仪导线测量内业

导线测量中的许多计算工作已由仪器内软件承担。由于全站仪可直接测定各点的坐标值,因此平差计算就不能像传统的导线测量那样,先进行角度闭合差和坐标增量闭合差的调整,再计算坐标。其实在这种情况下,直接按坐标平差计算,更为简便。此外,高程的计算也可同时进行。

### 三、测图

目前大比例尺野外数字测图主要使用全站仪采集数据方法如下。

1.图根加密

由于采用光电测距,测站点到地物、地形点的距离即使在 500 m 以内也能保证测量精度,故对图根点的密度要求已不很严格,视测区的地形情况而定。一般以在 500 m 以内能测到碎部点为原则。通视条件好的地方,图根点可稀疏些;地物密集、通视困难的地方,图根点可密些(相对白纸测图时的密度)。等级控制点尽量选在制高点。控制测量主要使用导线测量,观测结果(方向值、竖角、距离、仪器高、目标高、点号等)自动或手工输入电子手簿,或电子计算机,并且结算出控制点坐标与高程。对于图根控制点,还可采用辐射法和一步测量法。

辐射法就是在某一通视良好的等级控制上,用坐标法测量方法,按全圆方向观测方式一次测定几个图根点。这种方法无须平差计算,直接测出坐标。为了保证图根点精度,一般要进行两次观测。

一步测量法就是将图根导线与碎部测量同时作业,即在一个测站上,先测导线的数据,接着就测碎部点。这是一种少安置一次仪器、少跑一次路,大大提高外业工作效率的测量方法。

2.碎部测量

野外数据采集包括两个阶段,即控制测量和地形特征点(碎部点)采集,实施数字测图前必须先进行控制测量。布设控制网应遵循的原则:分级布网,逐级控制;应有足够的精度;应有足够的密度;应有统一的规格。

控制测量取得合格成果后,即可进行下面的碎部点的采集,但在出测前必须做好准备工作。

(1)准备工作

①仪器器材与资料。准备实施数字测图前,应准备好仪器、器材、控制成果和技术资料。仪器、器材主要包括:全站仪、对讲机、电子手簿或便携机、备用电池、通讯电缆

(若使用全站仪的内存或内插式记录卡,不用电缆)、花杆、反光棱镜、皮尺或钢尺等。全站仪、对讲机应提前充电。

②成果、资料准备。目前,大多数数字测图系统在进行数据采集时,要求绘制较详细的草图,绘制草图一般在专门准备的工作底图上进行。工作底图最好用旧地形图、平面图的晒蓝图或复印件制作,也可用航片放大影像图制作。为了便于多个作业组作业,在野外采集数据之前,通常要对测区进行"作业区"划分。一般以沟渠、道路等明显线状地物将测区划分为若干个作业区。对于地籍测量来说,一般以街坊为单位划分作业区。分区的原则是各区之间的数据(地物)尽可能地独立。

③作业组组织。为切实保证野外作业的顺利进行,出测前必须对作业组成员进行合理分工,根据各成员的业务水平、特点,选好观测员、绘草图领尺(镜)员、跑尺(镜)员等。合理的分工组织,可大大提高野外作业效率。用辐射法施测时,作业人员一般配置为:观测员1人,记录员1人,草图员1人,跑尺员1~2人。用一步测量法施测时,作业人员一般配置为:观测员1人,电子平板(边携机)操作人员1人(记录与成图),跑尺员1~2人。

(2)野外数据采集 作业员进入测区后,根据事先的分工,各负其职。绘图人员首先对测站周围的地形、地物分布情况熟悉一下,便于开始观测后及时在图上标明所测碎部点的位置及点号。仪器观测员指挥跑镜员到事先选好的已知点上准备立镜定向;自己快速架好仪器,连接便携机,量取仪器高,选择测量状态,输入测站点号和方向点号、定向点起始方向值,一般把起始方向值置零;瞄准棱镜,定好方向通知持镜者开始跑点;用对讲机确定镜高及所立点的性质,准确瞄准,待测点进入手簿坐标被记录下来。一般来讲,施测的第一点选在某已知点上(手簿中事先已输入)。测后如果出现坐标数据错误,从以下几方面查找原因:已知点、定向点的点号是否输错;坐标是否输错;所调用于检查的已知点的点号、坐标是否有误;检查仪器、设备是否有故障等。若测量中需要绘草图必须把所测点的属性在草图上显示出来,以供处理、图形编辑时用。草图的绘制要遵循清晰、易读、相对位置准确、比例一致的原则。在野外采集时,能测到的点要尽量测,实在测不到的点可利用皮尺或钢尺量距,利用电子手簿的间接量算功能,生成这些直接测不到的点的坐标。在一个测站上所有的碎部点测完后,还要找一个已知点重测,以检查施测过程中是否存在因误操作、仪器碰动或出故障等原因造成的错误。检查确定无误后,关机、搬站。下一测站,重新按上述采集方法、步骤进行施测。

## 思考练习题

1.什么是全站仪?全站仪的结构及组成包括什么?

2.全站仪使用中的注意事项及如何维护保养。

3.导线测量中如何进行踏勘选点?

# 第十章 现代测绘技术

## 第一节 概 述

摄影术和航空器对于现代制图者来说是两件最伟大的发明。

19世纪中叶发明了摄影术,最初用来绘制的地图只是些在高楼或塔顶上拍摄下来的照片,尤其是在城市拍摄的照片。但很快摄影师就试着将照相机吊在风筝或热气球上进行空中拍照。

1859年,一位名叫埃梅·劳塞达的法国军官发明了一种带有经纬仪的特殊照相机。他从不同角度拍摄同一物体,从而确定它的位置。当有相当数量的物体的位置被确定时,这个区域中各个物体的相对位置就可以被清晰地描绘出来了。

1906年,一位名叫西奥多·施姆夫鲁格的奥地利人为空中摄影测绘设计了一种照相机。这架照相机有8个镜头,其中1个镜头是垂直的,另外7个在它周围围成圆圈。照相时,一次按下快门可以同时得到8张角度不同的照片,从而得到物体的全景图。这样的照相机在当时还不是那么有用。当时航空器的发展也处在初级阶段,而且由于热气球的飞行十分不平稳,摄影师想从高空得到清晰的照片几乎是不可能的。

第一次世界大战后,许多小商人买下了多余的战斗机,并将照相机安置其上,见图10-1,然后再将这些设备出租给政府、工程公司或资源开发公司,并且亲自为他们工作。很快,政府的测绘部门开始经常性地使用空中摄影测绘技术。在高空拍摄的照片回到地面还要经过多方面的处理和后期制作。

今天,制图者使用更加先进的技术。随着雷达和声波定位仪的出现,空中摄影测绘技术出现了第一次重大突破。战争期间,无线电信号被用来帮助侦测敌军的飞机和潜水艇。今天,无线电信号被制图者用来透视云层和森林,勘测最深邃的海底世界。

在计算机出现之前,地图从最初的勘测到成品印制需要若干年时间,而在现代勘测中,由于卫星和计算机的使用,使得整个测绘过程缩短到只需几小时甚至几分钟。

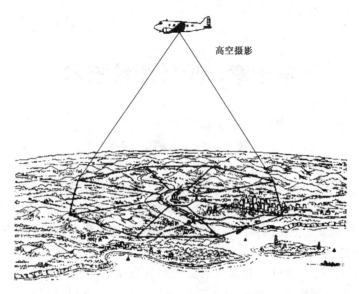

高空摄影

图 10-1　高空摄影示意图

# 第二节　全球定位技术及应用

**一、GPS 概述**

1957 年 10 月,世界上第一颗人造地球卫星发射成功,1958 年底,美国海军武器实验室就开始建立为美国军用舰艇导航服务的"海军导航卫星系统"(Navy Navigation Satellite System,简称 NNSS)的计划。NNSS 于 1964 年建成并在美国军方使用,1967 年 7 月 29 日,美国政府宣布解密 NNSS 部分导航电文供民用。NNSS 共有 6 颗工作卫星,距离地球表面的平均高度约为 1070 km,因其运行轨道面均通过地球南北极构成的子午面,所以又称为"子午卫星导航系统"(图 10-2),其使用的卫星接收机称多普勒接收机。与传统导航、定位方法比较,使用 NNSS 导航和定位具有不受气象条件的影响、自动化程度较高和定位精度高的优点,它开创了海空导航的新时代,也揭开了卫星大地测量(satellite geodesy)的新篇章。

20 世纪 70 年代中期,我国开始引进多普勒接收机,并首先应用于西沙群岛的大地测量基准联测,国家测绘局和总参测绘局联合测量了全国卫星多普勒大地网,石油和地质勘探部门也在西北地区测量了卫星多普勒定位网。

由于工作卫星少、运行高度较低,多普勒接收机的观测时间较长,不能为用户提供连续实时定位和导航服务。应用于大地测量静态定位时,一个测站的平均观测时间为

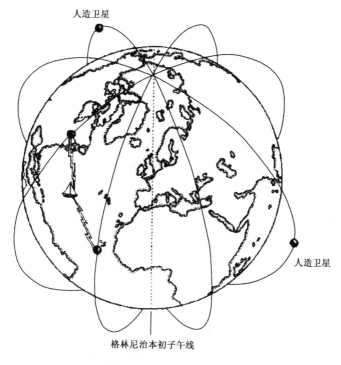

人造卫星

人造卫星

格林尼治本初子午线

图 10-2　全球定位系统

1～2 天,且不能达到 em 级(个人定位终端)的定位精度。

　　为了满足军事和民用部门对连续实时定位和导航的迫切要求,1973 年 12 月,美国国防部开始组织陆海空三军联合研制新一代军用卫星导航系统,该系统的英文全称为"Navigation by Satellite Timing and Ranging/Global Positioning System(NAVS·TAR/GPS)",其中文意思是"用卫星定时和测距进行导航/全球定位系统"简称 GPS。从 1989 年 2 月 14 日第一颗工作卫星发射成功,到 1994 年 3 月 28 日完成第 24 颗工作卫星的发射,GPS 共发射了 24 颗卫星(其中 21 颗工作卫星,3 颗备用卫星。目前的卫星数已经超过 32 颗),均匀分布在 6 个相对于赤道的倾角为 55°的近似圆形轨道上,每个轨道上有 4 颗卫星运行,它们距地球表面的平均高度约为 20200 km,运行速度为 3800 m/s,运行周期为 11 小时 58 分。每颗卫星可覆盖全球 38%的面积,卫星的分布,可保证在地球上任何地点、任何时刻、在高度 15°以上的天空同时能观测到 4 颗以上卫星,如图 10-3 所示。随着 GPS 的投入使用,NNSS 于 1996 年 12 月停止使用。

　　GPS 工作卫星的外形如图 10-4 所示,卫星呈圆柱形,直径为 1.5 m,重约 843 kg,两侧有由 4 片拼接成的双叶太阳能电池翼板。两侧翼板受对日定向系统控制,可以自

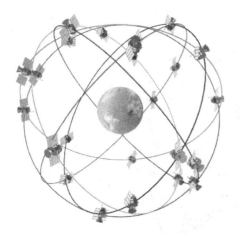

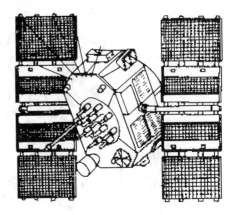

图 10-3　GPS 卫星星座　　　　　图 10-4　GPS 工作卫星

动旋转使电池翼板面始终对准太阳,给 3 组 15A 的镉镍蓄电池充电,以保证卫星的电源供应;卫星上装有 4 台频率稳定度为 $10^{-12}\sim10^{-13}$ 的高精度原子钟,为距离测量提供高精度的时间基准;卫星姿态调整采用三轴稳定方式,由 4 个斜装惯性轮和喷气控制装置构成三轴稳定系;使 12 根螺旋形天线组成的天线阵列所辐射的电磁波束始终对准卫星的可见地面。

　　GPS 是采用空间测距交会原理来进行定位的。如图 10-3 所示,为了测定空间某点 $P$ 在图中空间直角坐标系 $Oxyz$(简称 WGS—84 坐标系)中的三维坐标 $(x_P,y_P,z_P)$,将 GPS 接收机安置在 $P$ 点,通过接收工作卫星发射的测距码信号,在接收机时钟的控制下,可以解出测距码从卫星传播到接收机的时间 $\Delta r$,乘以光速 $f$ 并加上卫星时钟与接收机时钟不同步改正就可以计算出卫星至接收机间的空间距离:

$$P = c\Delta t + c(vr—vt) \tag{10-1}$$

式中 $vt$ 为卫星的钟差;$vr$ 为接收机的钟差。

　　我们知道,EDM 是使用双程测距方式,即从 EDM 发射的测距信号通过棱镜反射回 EDM 后再求出传播时间并计算出待测距离。而 GPS 使用的是单程测距方式,即接收机接收到的测距信号不再返回到工作卫星,而是在接收机中直接解算传播时间 $\Delta t$ 并计算出卫星至接收机的距离,这就要求工作卫星和接收机的时钟应严格同步。

　　GPS 全球卫星定位导航系统(Global Positioning System-GPS)是美国从 20 世纪 70 年代开始研制的,历时 20 年,耗资 200 亿美元,于 1994 年全面建成,具有海、陆、空进行全方位实时三维导航与定位能力的新一代卫星导航与定位系统。经我国测绘等部门近 10 年的使用表明,GPS 以全天候、高精度、自动化、高效益等显著特点,赢得广大测绘工作者的信赖,并成功地应用于大地测量、工程测量、航空摄影测量、运载工具导航和管制、壳运动监测、工程变形监测、资源勘察、球动力学等多种学科,给测绘领域带来了一场深刻的技术革命。

**二、GPS 的功能**

全球定位系统正在不断改进,硬、软件在不断完善,应用领域也在不断开拓,目前已遍及国民经济各个部门,并开始逐步深入人们的日常生活。

1.GPS 系统特点

(1)全球、全天候工作　能为用户提供连续、实时的三维位置、三维速度和精密时间,不受天气影响。

(2)定位精度高　单机定位精度优于 10 m,采用差分定位,精度可达厘米级和毫米级。

(3)功能多,应用广　人们对 GPS 的认识加深,GPS 测量、导航、测速、测时等方面到更广泛应用,其应用领域不断扩大。

2.GPS 定位系统

卫星定位系统出现之前,远程导航与定位主要用无线导航系统。

(1)无线电导航系统

①罗兰—C:工作 100 kHz,由 3 个面导航台组成,导航工作区域 2000 km,一般精度 200~300 m。

②Omega(奥米茄):工作十几千赫。由 8 个面导航台组成,可覆盖全球。精度几英里。

③多普勒系统:利用多普勒频移原理,测量其频移到运动物参数(速和偏流角),推算出飞行器位置,属自备式航位推算系统。误差随航程增加而累加。缺点:覆盖工作区域小;电波传播受大气影响;定位精度不高。

2.卫星定位系统　最早的卫星定位系统是美国子午仪系统(Transit),1958 年研制,1964 年正式投入使用。该系统卫星数目较小(5~6 颗),运行高度较低(平均 1000 km),从面站观测到卫星时间隔较长(平均 1.5 h),它无法提供连续实时的三维导航,精度较低。

为满足军事部门和民用部门对连续实时和三维导航的迫切要求,1973 年美国国防部制定了 GPS 计划。

3.GPS 发展历程

GPS 实施计划共分三个阶段:

第一阶段为方案论证和初步设计阶段。从 1973 年到 1979 年,共发射了 4 颗试验卫星。研制了面接收机及建立面跟踪网。

第二阶段为全面研制和试验阶段。从 1979 年到 1984 年,又陆续发射了 7 颗试验卫星,研制了各种用途接收机。实验表明,GPS 定位精度远远超过设计标准。

第三阶段为实用组网阶段。1989 年 2 月 4 日,第一颗 GPS 工作卫星发射成功,表明 GPS 系统进入工程建设阶段。1993 年底,实用 GPS 网即(21+3)GPS 星座已经建成,今后将计划更换失效卫星。

4.GPS 原理

(1)GPS 系统组成　GPS 由三个独立部分组成:

①空间卫星部分。21 颗工作卫星,3 颗备用卫星。

②地面支撑系统。1 个主控站,3 个注入站,5 个监测站。

③用户设备部分。接收 GPS 卫星发射信号,以获必要导航和定位信息,经数据处理,完成导航和定位工作。GPS 接收机硬件一般由主机、天线和电源组成。GPS 接收机的基本类型分导航型和大地型。大地型接收机又分单频型(L1)和双频型(L1,L2)。

(2)GPS 定位原理　就是利用空间分布的卫星以及卫星与地面点的距离交会得出地面点位置。简言之,GPS 定位原理是一种空间的距离交会原理。

①绝对定位原理。GPS 绝对定位又叫单点定位,即以 GPS 卫星和用户接收机之间的距离观测值为基础,并根据卫星星历确定的卫星瞬时坐标,直接确定用户接收机天线在 WGS—84 坐标系中相对于坐标原点(地球质心)的绝对位置(图 10-5)。

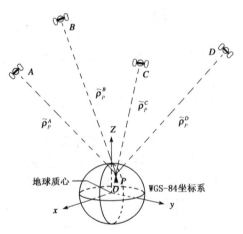

图 10-5　GPS 绝对定位原理图

根据用户接收机天线所处的状态不同,绝对定位又可分为静态绝对定位和动态绝对定位。因为受到卫星轨道误差、钟差以及信号传播误差等因素的影响,静态绝对定位的精度约为米级,而动态绝对定位的精度为 10～40 m。因此静态绝对定位主要用于大地测量,而动态绝对定位只能用于一般性的导航定位中。

1)静态绝对定位原理:接收机天线处于静止状态下,确定观测站坐标的方法,称为静态绝对定位。这时,接收机可以连续地在不同历元同步观测不同的卫星,测定卫星至观测站的伪距,获得充分的观测量,通过测后数据处理求得测站的绝对坐标。根据测定的伪距观测量的性质不同分为测码伪距静态绝对定位和测相伪距静态绝对定位。

2)动态绝对定位原理:将 GPS 用户接收机安装在载体上,并处于动态情况下,确定载体的瞬时绝对位置的定位方法,称为动态绝对定位。一般来说,动态绝对定位只能获得很少或者没有多余观测量的实数解,因而定位精度不是很高,被广泛应用于飞机、船舶、陆地车辆等运动载体的导航。

根据观测量的性质,可以分为测码伪距动态绝对定位和测相伪距动态绝对定位。

3)绝对定位精度的评价:在实际应用中,可以采用不同的几何精度评价模型和相应的精度衰减因子,通常有:

a. 平面位置精度衰减因子 $HDOP$

$$HDOP = \sqrt{(g_{11} + g_{22})} \tag{10-2}$$

相应的平面位置精度为

$$m_H = \sigma_0 \cdot HDOP \tag{10-3}$$

b. 高程精度衰减因子 $VDOP$

$$VDOP = \sqrt{(g_{33})} \tag{10-4}$$

相应的高程精度为

$$m_V = \sigma_0 \cdot VDOP \tag{10-5}$$

c. 空间位置精度衰减因子 $PDOP$

$$PDOP = \sqrt{(q_{11} + q_{22} + q_{33})} \tag{10-6}$$

相应的空间位置精度为

$$m_P = \sigma_0 \cdot PDOP \tag{10-7}$$

d. 接收机钟差精度衰减因子 $TDOP$

$$TDOP = \sqrt{(q_{44})} \tag{10-8}$$

相应的钟差精度为

$$m_T = \sigma_0 \cdot TDOP \tag{10-9}$$

e. 几何精度衰减因子 $GDOP$:描述空间位置误差和时间误差综合影响的精度衰减因子。

$$GDOP = \sqrt{(q_{11} + q_{22} + q_{33} + q_{44})}$$
$$= \sqrt{(PDOP)^2 + (TDOP)^2} \tag{10-10}$$

相应的中误差为

$$m_G = \sigma_0 \cdot GDOP \tag{10-11}$$

### 三、GPS 相对定位原理

1. 相对定位原理概述

相对定位是用两台 GPS 接收机,分别安置在基线的两端,同步观测相同的卫星,通过两测站同步采集 GPS 数据,经过数据处理以确定基线两端点的相对位置或基线向量

(图10-6)。这种方法可以推广到多台 GPS 接收机安置在若干条基线的端点,通过同步观测相同的 GPS 卫星,以确定多条基线向量。相对定位中,需要多个测站中至少一个测站的坐标值作为基准,利用观测出的基线向量,去求解出其他各站点的坐标值。根据定位过程中接收机所处的状态不同,相对定位可分为静态相对定位和动态相对定位(或称差分 GPS 定位)。

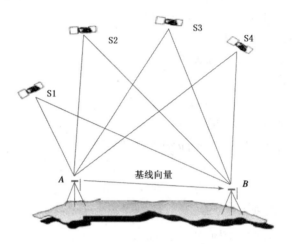

图 10-6　相对定位原理

### 2.静态相对定位原理

设置在基线两端点的接收机相对于周围的参照物固定不动,通过连续观测获得充分的多余观测数据,解算基线向量,称为静态相对定位(图10-7)。

静态相对定位,一般均采用测相伪距观测值作为基本观测量。测相伪距静态相对定位是当前 GPS 定位中精度最高的一种方法。

(1)观测值的线性组合　目前的求差方式有三种:单差、双差、三差,定义如下:

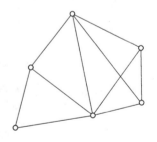

图 10-7　静态相对定位模式

①单差(Single－Difference):不同观测站同步观测同一颗卫星所得观测量之差。

②双差(Double－Difference):不同观测站同步观测同组卫星所得的观测量单差之差。

③三差(Triple－Difference):不同历元同步观测同组卫星所得的观测量双差之差。

(2)静态相对定位观测方程的线性化及平差模型　为了求解测站之间的基线向量,

首先就应该将观测方程线性化,然后列出相应的误差方程式,应用最小二乘法平差原理求解观测站之间的基线向量。

3.动态相对定位原理

动态相对定位,是将一台接收机设置在一个固定的观测站(基准站 $T_0$),基准站在协议地球坐标系中的坐标是已知的。另一台接收机安装在运动的载体上,载体在运动过程中,其上的 GPS 接收机与基准站上的接收机同步观测 GPS 卫星,以实时确定载体在每个观测历元的瞬时位置(图10-8)。

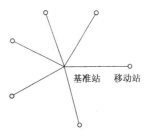

图 10-8 动态相对定位模式

在动态相对定位过程中,由基准站接收机通过数据链发送修正数据,用户站接收该修正数据并对测量结果进行改正处理,以获得精确的定位结果。由于用户接收基准站的修正数据对用户站观测量进行改正,这种数据处理本质上是求差处理(差分),以达到消除或减少相关误差的影响,提高定位精度,因此,GPS 动态相对定位通常又称为差分 GPS 定位。

动态相对定位过程中存在着三部分误差:第一部分是对每一个用户接收机所公有的,包括卫星钟误差、星历误差、电离层误差、对流层误差等;第二部分为不能由用户测量或由校正模型来计算的传播延迟误差;第三部分为各用户接收机所固有的误差,包括内部噪声、通道延迟、多路径效应等。利用差分技术,第一部分误差完全可以消除,第二部分误差大部分可以消除,其主要取决于基准接收机和用户接收机的距离,第三部分误差则无法消除。

(1)单基准站 GPS 差分  根据基准站所发送的修正数据的类型不同,又可分为位置差分、伪距差分、载波相位差分。

(2)多基准站差分
①局部区域差分。
②广域差分。
③多基准站 RTK。

# 第三节  手持 GPS 机使用

GPS 在很多领域有广泛的用途,在现代社会,GPS 将成为时尚的高科技产品,并不断地改变人们的生活方式。GPS 技术中最简单也最容易掌握的是 GPS 手持机。

GPS 接收机是用于接受 GPS 卫星定位信息的用户设备,其有两大主要用途:定位和导航。

地球上的任何一个地点,都有特定的经度、纬度和高度。用GPS接收机定位,详细步骤如下:

(1)开机接收卫星信号,显示〈收星画面〉。

收星画面是开机后的第一个画面,表示卫星的分布与接收状态。接收到的卫星不能低于3颗,要选屋外无障碍物的地区接收。

卫星方位:上北下南,左西右东。

卫星仰角:中心相当于所处位置正上方,大圆代表地平线,中间圆为45°仰角。

卫星编号:图中数字表示地平线上方的卫星,数字反白表示卫星未收到。

黑框条图:表示接收到的卫星信号的强弱,黑条越高,代表信号越强;如果是白框条,表示该颗卫星正处于跟踪状态;如果黑框条和白框条都没有,表示还未收到卫星信号。一般来说,圆圈中卫星越靠近中心,则表示接收到的卫星信号越强。

(2)连续按[翻页]键或[退出]键,切换至〈数据查询画面〉。

航向:运动时的方向,它的角度是以正北为0°,顺时针逐渐增加,正东为90°,正西为270°,因此运动时可以据此来判断北的方向。

航速:为固定显示数据不能更改,当接收卫星后卫星会自动根据你的运动情况测定该值。

航程:相当于里程表,记录航行过的实际路程。

高度:显示你所处点的海拔高度。

坐标:接收点的经纬度。

时间:采用卫星钟授时。

(3)[定位]键,显示〈标定位置画面〉。

(4)移动[光标]键至航点编号处,按[输入]键确定,按上下[光标]键可对航点名称进行重新编号,最后再按[输入]键确定。

(5)移动[光标]键选中[平均]处,[平均]反白处,按[输入]键确定,此时机器开始自动平滑,提高定位精度。

(6)[误差]处为平滑参考值,数字越小,精度越高,待[误差]处数字固定不变或达到期望值,此时光标在[存入]处,按[输入]键,存点完毕。

使用GPS接收机导航,首先要建立航路点,然后才能进行导航。

第一种方法:按[定位]键记录各个位置,建立航路点。方法参照上节所述。

第二种方法:直接输入经纬度建立航路点。

(1)开机接收卫星信号,显示〈收星画面〉。

(2)连续按[翻页]键或[退出]键,直到显示〈功能设定画面〉。

(3)移动[光标]键选中[航点],按[输入]键确定,显示〈航点画面〉。

（4）移动［光标］键选中航点编号，按［输入］键确定，用［光标］键选择所要的航点编号，按［输入］键确定。

（5）移动［光标］键选中经纬度，进行经纬度编辑，输入航路点的经纬度，方法同上，按［输入］键确定。

（6）最后移动［光标］键选中画面下部的［完成］，按［输入］键确定，录入完成，回到〈功能设定画面〉。

# 第四节　静态 GPS 机使用

**一、安置仪器**

1. 对中、整平

与经纬仪一样。

2. 量取天线高

在每时段观测前、后各量取天线高一次，精确至毫米。采用倾斜测量方法，从脚架互成 120°的三个空档测量天线挂钩至中心标志面的距离，如图 10-8 所示，互差小于 3mm，取平均值。采用下面公式计算天线高：

$$H = \sqrt{h^2 - R_0^2} + h_0$$

式中 $H$ 为天线的实际高度；$h$ 为观测者所量的标石或其他标志中心顶端到天线下沿天线的斜高，$R_0$ 为天线半径（以天线相位中心为准，9600 为 99mm），$h_0$ 为天线相位中心至天线中部的距离（9600 为 13mm）。

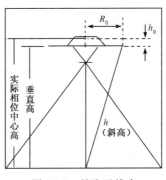

图 10-8　量取天线高

**二、连接**

在接收机和采集器电源均关闭的情况下，分别对口连接电源电缆和数据采集电缆（注意：数据采集电缆和采集器连接一端的 10 孔插头之凹槽和采集器接口凹槽对应插头,即红点对红点),否则易损坏接收机和采集器。

### 三、开机

打开电源上的开关,若指示灯为绿色,则电量充足;若指示灯为红色,表示电量不足,应立即关机停止测量。

### 四、采集数据

1. 打开采集器上的电源开关(ON/ESC),出现 M :提示符后输入 NGC. 1MG 命令,则进入静态测量采集程序。

2. 注册接收机:若初次使用接收机,需在 Special 菜单下注册接收机,输入 21 位的注册码,此项实习前一般预先注册过。

3. 打开 MENU 菜单。

4. 设置(SETUP)采集间隔和卫星高度截止角,一般可默认 Collect Rate 为 15s,Mask Angle 为 10°。

5. 观察卫星分布状况:在 Mode 菜单下,察看卫星分布(Satellite Layout),单点定位坐标(Single Coordinate),历元数(Epoch Number),星历数据记录(Ephemeris Record)以及采集信息(Collect Informate),当定位模式(Fixed)为 3D ,几何精度因子(PDOP)小于 4 ,跟踪卫星数不少于 4 颗时,即符合采集条件。

6. 在文件(File)菜单下,输入天线高(Set Hight),在开始采集(Start Record)菜单下,输入测站点名(Point Name),最多 4 位,输入时段数(Session Number),确认后即开始采集。

### 五、退出采集

当三台接收机同步观测时间达 1 小时(本次实习规定)时,第一时段采集结束。可在文件菜单下,按 Exit 键,并确认" Y "后,退出采集程序,所采集文件即被保存。若继续第二时段观测,则只要改时段号即可继续下一时段的采集。

### 六、关机

在一个站采集结束并退出采集程序后,稍等几秒钟,再按 OFF 键关闭采集器,最后关闭接收机电源。

### 七、拆站

在确认电源关闭后,拔出电缆线,拔出时要按住插头部的弹簧圈才能拔出来,若硬拔,则会损坏插头。

### 八、数据通信

将采集器中的数据文件传输到计算机上来,此项工作由教师或在教师指导下在实验室完成。

**九、数据处理**

1.基线解算(基线指的是在三角网测量中,经精确测定长度的直线段)

(1)开机　打开 GPS 数据处理软件。

(2)点击文件菜单下的"新建",输入项目及坐标系。

(3)点击"增加观测数据文件",根据提示,选择要处理的观测数据文件,确认。

(4)输入已知点坐标。

(5)进行基线解设置　包括采样间隔、卫星高度角、合格解的条件等。

(6)点击"解算全部基线"。

(7)对不合格的基线重新设置后再进行解算,直到满足为止,无法求得合格解的基线给予剔除或重新补测。

(8)对外业数据进行质量检核　点击"平差处理"下的"重复基线"和"闭合环闭合差"。主要计算重复基线的较差、同步闭合环的闭合差和异步环的闭合差。对不合要求的进行必要的补测。

2.进行 GPS 网平差

(1)平差参数设置　点击"平差处理"下的"平差参数设置",根据提示确定设置方案。

(2)网平差计算　点击"平差处理"下的"网平差计算"即可,进行无约束平差或约束平差。

(3)网平差结果质量检核　点击"成果输出",查看平差结果,检查无约束平差或约束平差的精度是否符合规范要求。

**十、提交成果报告**

1.由"成果"菜单下的"成果报告"(文本文档)保存"平差报告",同时由"成果报告打印"打印出"平差报告"。

2.编写技术总结并附成果报告。

# 第五节　地理信息系统

**一、地理信息系统基本概念**

地理信息系统(Geographic Information System 或 Geo－Information System,GIS)有时又称为"地学信息系统"或"资源与环境信息系统"。它是一门集计算机科学、信息学、地理学等多门科学为一体的新兴学科。它是在计算机软件和硬件支持下,对整个或部分地球表层(包括大气层)空间按其地理坐标或空间位置输入计算机,并在其中存贮、更新、查询检索、分析处理、综合应用、屏幕显示和制图输出,从而实现用现代科学技术手段完成空间信息的分析与研究为目的的技术系统。地理信息系统处理、管理的对象是多种地理空间实体数据及其关系,包括空间定位数据、图形数据、遥感图像数据、属性数据等,用于分析和处理在一定地理区域内分布的各种现象和过程,解决复杂的规划、决策和管理问题。

## 二、地理信息系统及其类型

### 1.信息

地理信息系统中的信息是人们或机器提供的关于现实世界新的知识,是数据、消息中所包含的意义,它不随载体的物理设备形式的改变而改变。

### 2.数据

数据是通过数字化或直接记录下来的可以被鉴别的符号,数据不仅包括数字,还包括文字、符号、图形、图像以及各种可以转换成数据的现象。数据是用以载荷信息的物理符号,在计算机化的地理信息系统中,数据的格式往往和具体的计算机系统有关,随载荷它的物理设备的形式而改变。例如同样的数据 1 和 0 都是普通阿拉伯数字符号,当用来表示某一种实体在某个地域内存在与否时,它就提供了有(用 1 表示)无(用 0 表示)的信息;当在绘图矩阵中表示绘线或不绘线时,它就提供抬笔落笔的信息等等。

### 3.地理数据

地理数据是直接或间接关联着相对于地球的某个地点的数据,是表示地理位置、分布特点的自然现象和社会现象的诸要素文件。包括自然地理数据和社会经济数据。如土地覆盖类型数据、地貌数据、土壤数据、水文数据、植被数据、居民地数据、河流数据、行政境界及社会经济方面的数据等。自然地理数据在计算机中通常按矢量数据结构或网格数据结构存贮,构成地理信息系统的主体。社会经济数据在计算机中按统计图表形式存贮,是地理信息系统分析的基础数据。

### 4.地理信息

地理信息是指表征地理系统诸要素的数量、质量、分布特征、相互联系和变化规律的数字、文字、图像和图形等的总称。地理信息属于空间信息,其位置的识别是与数据联系在一起的,这是地理信息区别于其他类型信息的最显著的标志。地理信息的这种定位特征,是通过经纬网或公路网建立的地理坐标来实现空间位置识别的,地理信息还具有多维结构的特征,即在二维空间的基础上实现多专题的第三维结构。

### 5.地理信息展望

一般说来,地理信息系统按其内容可以分为二大类:

(1)专题信息系统　这是具有限目标和专业特点的地理信息系统,为特定的专门的目的服务,如矿产资源管理信息系统、农作物估产信息系统、灾害监测信息系统等。

(2)区域信息系统　主要以区域综合研究和全面的信息服务为目标。可以有不同的规模,如国家级的、地区或省、市级和县级等为各不同级别行政区服务的区域信息系统,也可以是按自然分区或流域为单位的区域信息系统,如加拿大国家信息系统、我国黄河流域信息系统等。

6. 地理信息系统工具

也称地理信息系统开发平台或外壳,它是具有地理信息系统基本功能的工具软件或开发平台,供其他系统调用或进行二次开发。国内外已在不同档次的计算机设备上研制了一批地理信息系统工具,如美国耶鲁大学森林与环境学院的 Map 软件包(Map Analysis Package)、MapInfo 公司的 MapInfo 系统,以及北京大学研制的微机地理信息系统工具 Spaceman 等。将地理信息系统外壳与数据库系统结合,用以完成图形图像数字化、地理数据的存储管理、查询检索、结果输出等任务,就可以开发出相应的决策支持系统、专家系统等。

### 三、地理信息系统的功能

1. 数据采集与编辑功能

包括图形数据采集与编辑和属性数据编辑与分析。

2. 数据的存储和管理功能

地理信息数据库管理系统是数据存储和管理的高新技术,包括数据库定义、数据库的建立与维护、数据库操作、通信功能等。

3. 制图功能

根据 GIS 的数据结构及绘图仪的类型,用户可获得矢量地图或栅格地图。地理信息系统不仅可以为用户输出全要素地图,而且可以根据用户需要分层输出各种专题地图,如行政区划图、土壤利用图、道路交通图、等高城图等。还可以通过空间分析得到一些特殊的地学分析用图,如坡度图、坡向图、剖面图等。

4. 空间查询与空间分析功能

包括拓扑空间查询、缓冲区分析、叠置分析、空间集合分析、地学分析、数字高程模型的建立、地形分析等。

5. 二次开发和编程功能

用户可以在自己的编程环境中调用 GIS 的命令和函数,或者 GIS 系统将某些功能做成专门的控件供用户开发使用。

### 四、地图投影

地理信息系统中的地理空间通常是指经过投影变换放在笛卡儿平面直角坐标系中的地球表层特征空间。它的理论基础在于旋转椭球体和地图投影变换。

1. 地图投影的实质

不规则的地球表面可以用地球椭球面来替代,地球椭球面是不可展曲面,而地图是一个平面,将地球椭球面上的点映射到平面上来的方法,称为地图投影。

对于较小区域范围,可以视地表为平面,这样就可以认为投影没有变形。但对于大区域范围,甚至是半球、全球,这种投影方法就不太适合了。这时,可以考虑另外的投影方法,例如,可以假设地球按比例尺缩小成一个透明的地球仪那样的球体,在其球心、球面或球外安放一个发光点,将地球仪上经纬线(连同控制点及地形、地物图形)投影到球外的一个平面上,即成为地图。图 10-9 是将地球表面投影在平面上的透视投影示意图。

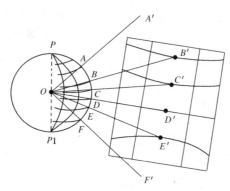

图 10-9　透视投影示意图

实际上这种直观的透视投影方法亦有很大的局限性,例如,只能对一局部地区进行投影,且变形有时较大,同时往往不能将全球投影下来,多数情况下不可能用这种几何作图的方法来实现。科学的投影方法是在建立地球椭球面上的经纬线网与平面上相应的经纬线网相对应的基础上的,其实质就是建立地球椭球面上点的坐标$(\lambda, \varphi)$与平面上对应的坐标$(x, y)$之间的函数关系,用数学表达式表示为:

$$\begin{cases} x = f_1(\lambda, \varphi) \\ y = f_2(\lambda, \varphi) \end{cases} \tag{10-12}$$

这是地图投影的一般方程式。当给定不同的具体条件时,就可得到不同种类的投影公式。

2.投影变形

由于要将不可展的地球椭球面展开成平面,且不能有断裂,那么图形必将在某些地方被拉伸,某些地方被压缩,因而投影变形是不可避免的。

投影变形通常包括三种,即长度变形、角度变形和面积变形。

长度变形($\nu_\mu$)是长度比与 1 之差值,即

$$\nu_\mu = \mu - 1 \tag{10-13}$$

而长度比($\mu$)则是指地面上微分线段投影后长度 $ds'$ 与其固有长度 $ds$ 之比。即

$$\mu = \frac{ds'}{ds} \tag{10-14}$$

长度比是一个变量,不仅随点位不同而变化,而且在同一点上随方向不同也有大小的差异。

角度变形是指实际地面上的角度($\alpha$)和投影后角度($\alpha'$)的差值,即

$$\alpha - \alpha'$$

角度变形可以均可在许多地图中清晰地看到。本来经纬线在实地上是成直角相交的,但经过投影之后,很多情况下经纬线变成了非直角相交的图形。

面积变形($v_P$)系指面积比 $P$ 与 1 之差,即

$$v_P = P - 1 \tag{10-15}$$

式中 $P$ 是面积比,是地球表面上微分面积投影后的大小 $dF'$ 与其固有面积 $dF$ 之比值,即

$$P = dF'/dF \tag{10-16}$$

面积比也是一个变量,它随点位不同而变化,因此,面积变形亦在许多投影中经常出现。

## 思考练习题

1. 什么是全球定位系统?
2. GPS 的工作原理是什么?
3. 地理信息系统及其类型是什么?
4. 地理信息系统有哪些功能?

# 第十一章　园林规划设计测量

## 第一节　土地平整测量

　　土地平整是指通过拆迁、土方工程对土地表层状况进行改造,拆除建筑物、构筑物以及存在较明显的土地不同位置的高差,已达到后续施工的要求。

　　土地平整大多是地面建筑工程、土地整理的必要条件。如在房地产开发前要对目标土地进行土地一级开发,使其已达到"三通一平"或者"七通一平"的施工标准。"三通"是指"通电、通水、通路","一平"就是指土地平整了,已达到后续的房地产开发的施工条件和项目完成后的入住条件。

**一、方格水准测量法计算土方**

　　根据平整场地的要求不同,可以把场地整成水平或有一定坡度的地面。

　　1. 整成水平地面

　　(1)计算设计高程　如图 11-1 所示,桩号(1)、(10)、(11)、(9)、(3)各点为角点,(4)、(7)、(6)、(2)为边点,(8)为拐点,(5)为中点。如果已求得各桩点的地面高程为 $H_i$ ($i=1,2,\cdots,11$),设计高程可按下式计算:

　　设各个方格的平均高程为

$$H_i(i=1,2,\cdots,5)$$

$$\overline{H_1} = \frac{1}{4}(H_1 + H_4 + H_5 + H_2)$$

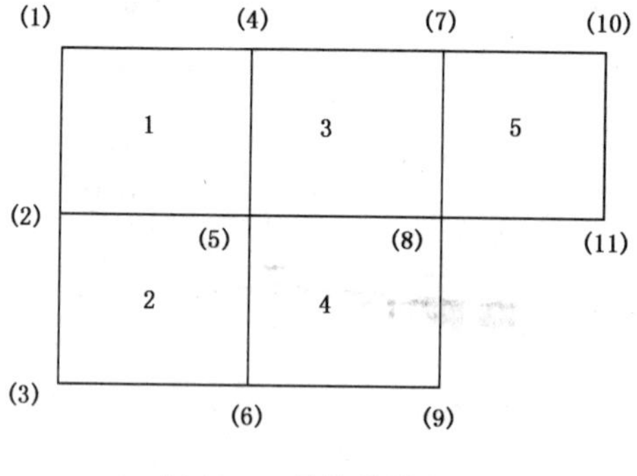

图 11-1　计算设计高程

$$\overline{H_2} = \frac{1}{4}(H_2 + H_5 + H_6 + H_3)$$

$$\overline{H_5} = \frac{1}{4}(H_7 + H_{10} + H_{11} + H_8)$$

地面设计高程 $H_0 = \dfrac{1}{4 \times 5}(\sum H_角 + 2\sum H_边 + 3\sum H_拐 + 4\sum H_中)$

式中 $\sum H_角$、$\sum H_边$、$\sum H_拐$、$\sum H_中$ 分别为各角点、各边点、各拐点和各中点高程总和,前面的系数是因为各角点之参与一个方格的平均高程计算,各边点参与两个方格的平均高程计算,余类推,如有 $n$ 个方格可得:

$$H_0 = \frac{1}{4 \times n}(\sum H_角 + 2\sum H_边 + 3\sum H_拐 + 4\sum H_中)$$

将 $H_0$ 作为平整土地的设计高程时,把地面整成水平,能达到土方平衡的目的。

（2）计算施工量　各桩点的施工量为:

$$施工量＝设计高程－桩点地面高程$$

（3）计算土方　先在方格网上绘出施工界限,即决定开挖线。开挖线是根据方格边上施工量为零的各点连接而成。零点位置可目估测定,也可按比例计算确定。

因挖方量应与填方量相等,故可按下式计算土方:

$$V_挖 = A(\frac{1}{4}\sum h_{角挖} + \frac{1}{2}\sum h_{边挖} + h_{拐挖} + h_{中挖})$$

$$V_填 = A(\frac{1}{4}\sum h_{角填} + \frac{1}{2}\sum h_{边填} + h_{拐填} + h_{中填})$$

2. 平整成具有一定坡度的地面

一般场地按地形现况整成一个或几个有一定坡度的斜平面。横向坡度一般为零,如有坡度以不超过纵坡（水流方向）的一半为宜。纵、横坡度一般不宜超过 1/200,否则会造成水土流失。具体设计步骤为:

（1）计算平均高程　公式为:

$$H_0 = \frac{1}{4 \times n}(\sum H_角 + 2\sum H_边 + 3\sum H_拐 + 4\sum H_中) \tag{11-1}$$

（2）计算各桩点的设计高程　首先选零点,其位置一般选在地块中央的桩点上,并以地面的平均高程 $H_0$ 为零点的设计高程。根据纵、横向坡降值计算各桩点高程,然后计算各桩点施工量,画出开挖线,计算土方。

（3）土方平衡验算　如果零点位置选择不当,将影响土方的平衡,一般当填、挖方绝对值差超过填、挖方绝对值平均数的 10% 时,需重新调整设计高程。验算方法如下:为保证 $V_挖$、$V_填$ 绝对值应相等,符号相反,即:

$$A\left(\frac{1}{4}\left(\sum h_{角填}+\sum h_{角挖}\right)+\frac{1}{2}\left(\sum h_{边填}+\sum h_{边挖}\right)+\frac{3}{4}\left(\sum h_{拐填}+\sum h_{拐挖}\right)+\right.$$
$$\left(\sum h_{中填}+\sum h_{中挖}\right)=0$$

(4)调整方法　设计高程改正数＝(总挖土量＋总填土量)÷地块总面积

为了便于现场施工,最好再算出各个方格的土方量,画出施工图,在图上标出运土方案。

**二、断面法计算土方**

在地形起伏较大的地区可用断面法来估算土方。这种方法是在施工场地的范围内,以一定的间隔绘出断面图,求出各断面由设计高程线与地面线围成的填挖方面积,然后计算相邻断面间的土方量。最后求和即为总土方量。

在土方计算之前,应先将设计断面绘在横断面图上,计算出地面线与设计断面所包围的填方面积或挖方面积 $A$(如图 11-2 所示),然后进行土方计算。

常用的计算土方的方法是平均断面法,即根据两相邻的设计断面填挖面积的平均值,乘以两断面的距离,就得到两相邻横断面之间的挖、填土方的数量。计算公式如下:

图 11-2　填/挖方面积

$$V=\frac{1}{2}(A_1+A_2)D \qquad (11\text{-}2)$$

式中 $A_1$,$A_2$ 为相邻两横断面的挖方或填方面积;$D$ 为相邻两横断面之间的距离。如果同一断面既有填方又有挖方,则应分别计算。

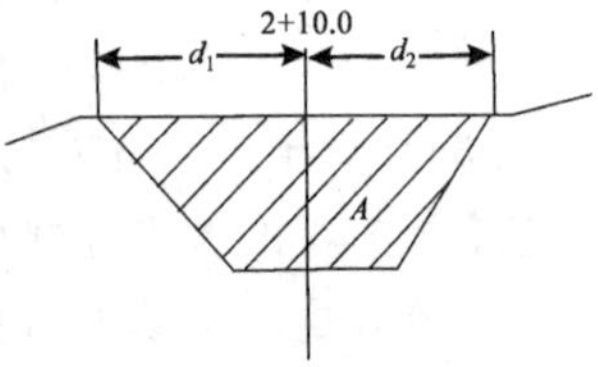

**三、等高面法计算土方**

平整为倾斜面的土方计算有以下两种方法:

1. 过地表面三点平整成倾斜面

如图 11-3 所示,要通过实地上 $A$、$B$、$C$ 三点筑成一倾斜平面。此三点的高程分别为 152.3 m,153.6 m,150.4 m。这三点在图上的相应位置为 $a$,$b$,$c$。

为了确定填挖的界线,必须先在地形图上做出设计面的等高线。由于设计面是倾斜的平面,所以设计面上的等高线应当是等距的平行线。具体做法如下:

(1)首先求出 $ab$,$bc$,$ac$ 三线中任一线上设计等高线的位置。例如,在 $bc$ 线上用内插法得到高程为 153 m,152 m 和 151 m 的点子 $d$,$e$,$f$。

(2)在 $bc$ 线内插出与 $a$ 点同高程(152.3 m)的点子 $k$,并连接 $ak$。此线即为在设计平面上与等高线平行的直线。

(3)过 $d$,$e$,$f$ 各点作与 $ak$ 平行的直线,就得到设计平面上所要画的等高线。这些等高线在图上是用虚线表示的。

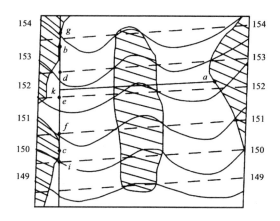

图 11-3　过地表面三点的倾斜面平整

（4）为得到设计平面上全部的等高线，可在 bc 的延长线上继续截取与 de 线段相等的线 dg 和 fi，从而得到 g 点与 i 点。通过 g, i 两点作 ak 的平行线，即可得出设计平面上的另两条等高线。

（5）定出填方和挖方分界线。找出设计平面上的等高线与原地面上同高程等高线的交点，将这些交点用平滑的曲线连接起来，即可得到填方和挖方分界线。图 11-3 中画有斜线的面积表示应填土的地方，其余部分表示应挖土的地方。

（6）计算填/挖土(石)方量。每处需要填土的高度或挖土的深度是根据实际地面高程与设计平面高程之差确定的。如在某点的实际地面高程为 151.2 m，而该处设计平面的高程为 150.6 m，因此该点必须挖深 0.6 m。计算出各方格点的填、挖高度以后，即可按平整为水平面的土方计算方法计算填/挖土(石)方量。

2. 平整为给定坡度 i 的倾斜面

如图 11-4 所示，ABCD 为 60 m×60 m 的地块，欲将其平整为向 AD, BC 方向倾斜 −5% 的场地，其土(石)方量可按以下步骤计算：

（1）按照平整为水平场地的同样步骤定出方格，并求出方格点高程及场地平均高程（图 11-4 中 $H_平 = 33.4$ m）。

（2）计算场地平整后最高边线与最低边线高程：

$$H_A = H_B = H_平 + \frac{1}{2} \times (D \times |i|) = 33.4 + \frac{1}{2} \times (60 \times 5\%) = 34.9 \text{(m)}$$

$$H_C = H_D = H_平 - \frac{1}{2} \times (D \times |i|) = 33.4 - \frac{1}{2} \times (60 \times 5\%) = 31.9 \text{(m)}$$

（3）绘制设计倾斜面的等高线

①根据 A, D 点的高程内插出 AD 线上高程为 32 m, 33 m, 34 m, 35 m 的设计等高

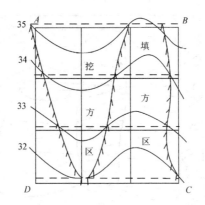

图 11-4  填方和挖方平衡时倾斜面平整

线的点位。

②过整 $m$ 数点位作 $AB$（或 $DC$）之平行线，即为倾斜面的设计等高线（图中虚线）。

③设计等高线与原地形图上同名等高线的交点为零填/挖点，连接这些点，即为填/挖方分界线。

（4）计算各方格点的设计高程。用方格网法计算各方格点的设计高程，并注于方格点右下角。

（5）计算各方格点的填/挖高度及土（石）方量。先求出各方格点的地面高程，再依式（10-1）计算各方格点的填/挖高度，然后根据平整为水平面的土方计算方法计算土（石）方量并检核。

# 第二节  线路中线测量

供各种车辆和行人等通行的工程设施称为道路。按其使用特点分为城市道路、城镇之间的公路、厂矿道路以及为农业生产服务的乡村道路，由此组成全国道路网。

线路的中线测量就是通过直线和曲线测设，将路中心线具体放样到地面上去。中线测量包括线路的交点（$JD$）和转点（$ZD$）的测设，线路转角（$\alpha$）的测定，中线里程桩的测设，线路圆曲线测设等。道路的平面线型如图 11-5。

**一、踏勘选线**

1.踏勘

（1）做好踏勘前的准备工作，收集资料，如地形图、气象、水文等资料。

（2）初步拟定线路方案，路线的起、止点，走向等。

（3）地形复杂的地段重点勘查。

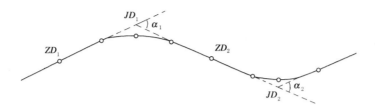

图 11-5　道路平面线型

2.选线

(1)考虑工程地质条件,应尽量避开滑坡、崩塌等不良地段。

(2)选线应考虑公路的使用质量,力求线路短捷、顺适、纵坡平缓。技术指标一般不轻易采用极限指标,避免长大坡和小半径衔接,保证行车安全。

(3)线路宜选低垭口,对于高差大、坡线长的线路,应设置缓和地段。

(4)线路沿河走向,宜选在地质条件好的一岸,不要轻易跨河。

(5)综合考虑后,即可确定出线路的中线位置,定出交点桩,拟定曲线半径,用简易法初测各坡段的坡度,坡度一般为 5%～6%。曲线半径不宜过小,两圆曲线间连接的直线段不得小于 10 m。

**二、交点的实际标定和转角(交角)测定**

线路的平面线型是由直线和曲线组成的,线路改变方向时,两相邻直线延长线的相交点称为线路的交点(用 JD 表示),它是详细测设线路中线的控制点。而转点是指当相邻两交点之间距离较长或互不通视时,需要在其连线或延长线上定出一点或数点以供交点、测角、量距或延长线时瞄准使用。这种在道路中线测量中起传递方向作用的点称为转点(用 ZD 表示)。通常对于一般低等级公路,可以采用一次定测的方法直接在现场标定;而对于高等级公路或地形复杂地段,则必须首先在初测的带状地形图上定线,又称纸上定线,然后再用下列方法进行实地测设,又叫现场定线。

1.交点的测设

(1)放点穿线法　是纸上定线放样到现场时常用的方法,它是以初测时测绘的带状地形图上就近的导线点为依据,按照地形图上设计的线路与导线之间的角度和距离的关系,在实地将线路中线的直线段部分独立地测设到地面上,然后再将相邻两直线的延长线交会出路线的交点。具体做法如下:

①在图上量取支距。如图 11-6 所示,$P_1$,$P_2$,$P_3$,$P_4$ 为图纸上设计中线上的 4 个点,欲测设于实地,首先在直线上至少取 3 点(以便检核),并保证相互通视。导$_1$、导$_2$、导 3、导$_4$ 为导线点,在图上量取支距 $l_1$,$l_2$,…,$l_4$。

②在实地放支距。用皮尺和方向架(或经纬仪)按图上所量支距在实地标定出路线

点 $P_1, P_2, \cdots, P_4$ 作为临时点。

③穿线。由于图解数据和测设误差的影响，所放的点一般不在一条直线上，这时可以采用目估法或经纬仪法穿线，如图 11-7 所示，适当调整各点，使其位于同一条直线 $AB$ 上。

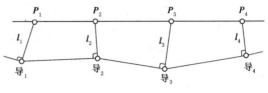

图 11-6  量取支距

④定交点。如图 11-8 所示，当相邻两直线 $AB$，$CD$ 测设于实地后，即可延长直线交会定交点，其操作步骤如下：

1）将经纬仪安置在 $B$ 点，盘左瞄准 $A$ 点，倒转望远镜沿视线方向，在交点附近，打下两个木桩，俗称骑马桩，并沿视线方向用铅笔在两桩顶上分别标出 $a_1$ 和 $b_1$。

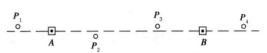

图 11-7  穿　线

2）盘右仍瞄准 $A$ 点后，再倒转望远镜，用与上述同样的方法在两桩顶上又标出 $a_2$ 和 $b_2$。

3）分别取 $a_1$ 与 $a_2$，$b_1$ 与 $b_2$ 的中点并钉上在两桩上钉上小钉得 $a$，$b$ 两点。

4）用细线将 $a$，$b$ 两点连接。

这种以盘左、盘右两个盘位延长直线的方法称为正倒镜分中法。

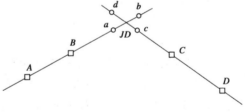

图 11-8  定交点

5）将仪器搬到 $C$ 点，瞄准 $D$ 点，同法定出 $c$，$d$ 两点，拉上细线。

6）在两条细线交点处打下木桩，并钉上小钉，即为交点。

（2）拨角放线法　根据在地形图上定线所设计的交点坐标，反算出每一段直线的距离和坐标方位角，从而算出交点上的转向角，从中线的起点开始，用经纬仪在现场直接拨角量距定出交点位置。如图 11-9 所示，$N_1$，$N_2$，$\cdots$，$N_n$ 为导线点，在 $N_1$ 安置经纬仪，拨角 $\beta_1$，量出距离 $S_1$，定出交点 $JD_1$。在 $JD_1$ 安置经纬仪，拨角 $\beta_2$，量出距离 $S_2$，定出 $JD_2$。依次可定出其他交点。

这种方法工作效率高，是用于测量控制点较少的线路；缺点是放线误差容易积累，因此一般连续放出若干个点后应与初测导线点闭合，以检查误差是否过大，然后重新由初测导线点开始放出以后的交点。方位角闭合差 $\leqslant \pm 40'' \sqrt{n}$，长度闭合差 $\leqslant 1/5000$。

2.转点的测设

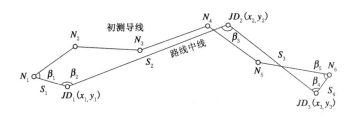

图 11-9　拨角量距定交点

当两交点间距离较远但尚能通视或已有转点需加密时,可采用经纬仪直接定线或经纬仪正倒镜分中法测设转点。当相邻两交点互不通视时,可用下述方法测设转点。

(1)两交点间设转点　如图 11-10 所示,$JD_4$,$JD_5$ 为相邻而互不通视的两个交点,$ZD'$ 为初定转点。将经纬仪置于 $ZD'$,用正倒镜分中法延长直线 $JD_4$—$ZD'$ 至 $JD'_5$。设 $JD'_5$ 与 $JD_5$ 的偏差为 $f$,用视距法测定 $a$,$b$,则 $ZD'$ 应横向移动的距离 $e$ 可按下式计算:

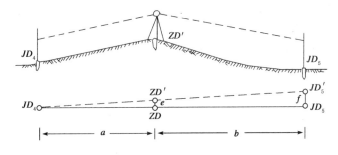

图 11-10　两交点间设转点

$$e = \frac{a}{a+b} f \tag{11-3}$$

将 $ZD'$ 按 $e$ 值移至 $ZD$。

(2)延长线上设转点　如图 10-11 所示,$JD_7$,$JD_8$ 互不通视,可在其延长线上初定转点 $ZD'$。将经纬仪置于 $ZD'$,用正倒镜法照准 $JD_7$,并以相同竖盘位置俯视 $JD_8$,在 $JD_8$ 点附近测定两点后取中点的 $JD'_8$。若 $JD'_8$ 与 $JD_8$ 重合或偏差值 $f$ 在容许范围之内,即可将 $ZD'$ 作为转点。否则应重设转点,量出 $f$ 值,用视距法测出 $a$,$b$,则 $ZD'$ 应横向移动的距离 $e$ 可按下式计算:

$$e = \frac{a}{a-b} f \tag{11-4}$$

将 $ZD'$ 按 $e$ 值移至 $ZD$。

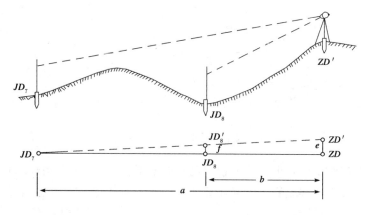

图 11-11　延长线上设转点

### 3.转角的测定

线路从一个方向转向另一个方向时,偏转后的方向与原方向间的夹角称为转角,用 $\alpha$ 表示。在线路的转弯处一般要求设置曲线,而曲线的设计要用到转角,所以,设计前必须测设出转角的大小。转角有左右之分,偏转后的方向在原方向的左侧称为左转角,反之称为

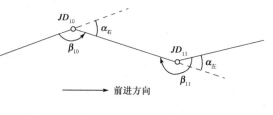

图 11-12　左、右转角

右转角,如图 11-12 所示。在线路测量中,一般不直接测转角,而是先直接测转折点上的水平夹角,然后计算出转角。在转折点上,通常是观测线路的水平右夹角,因此转角公式可按下式计算

$$\begin{cases} 当\ \beta > 180, \alpha_{左} = \beta - 180 \\ 当\ \beta < 180, \alpha_{右} = 180 - \beta \end{cases} \tag{11-5}$$

右夹角 $\beta$ 的测定,一般采用 DJ6 级光学经纬仪观测一测回,两半测回角度差不大于 $\pm 40''$,在容许值内取平均值为观测结果。为了保证测角精度,线路还需要进行角度闭合差校核;高等级公路需和国家控制点连测,按附合导线进行角度闭合差计算和校核;低等级公路可分段进行校核,以 3~5 km 或以每天测设距离为一段,用罗盘仪测出始边和终边的磁方位角。每天作业开始与结束须观测磁方位角,至少各一次,以便与根据观测水平夹角值推算的方位角校核,其两者之差不得超过 2°。

根据曲线测设的要求,在右角测定后,要求在不变动水平度盘位置的情况下,定出 $\beta$ 角的分角线方向(图 11-13),并钉桩标志,以便将来测设曲线中点。设测角时,后视方

向的水平度盘读数为 $a$，前视方向的读数为 $b$，分角线方向的水平度盘读数为 $c$。因 $\beta = a - b$，则

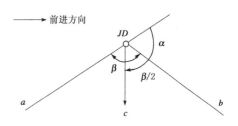

图 11-13　分角线方向

$$c = b + \frac{\beta}{2} \text{ 或 } c = \frac{a+b}{2} \quad (11\text{-}6)$$

此外，在角度观测后，还须用测距仪测定相邻交点间的距离，以供中桩量距人员检核之用。

### 三、里程桩的设置

为了确定线路中线的具体位置和线路长度，满足线路纵横断面测量以及为线路施工放样打下基础，则必须由线路的起点开始每隔 20 m 或 50 m（曲线上根据不同半径每隔 20 m、10 m 或 5 m）钉设木桩标记，称为里程桩。桩上正面写有桩号，背面写有编号，桩号表示该桩至线路起点的水平距离。如某桩至路线起点距离为 4200.75 m，桩号为 K4＋200.75。编号是反映桩间的排列顺序，以 9 为一组，循环进行。

里程桩分为整桩和加桩两种，整桩是按规定每隔 20 m 或 50 m 为整桩设置的里程桩，百米桩、千米桩和线路起点桩均为整桩。加桩分地形加桩、地物加桩、曲线加桩、关系加桩等。地形加桩是指沿中线地形坡度变化处设置的桩；地物加桩是指沿中线上的建筑物和构筑物处设置的桩；曲线加桩是指曲线起点、中点、终点等设置的桩；关系加桩是指路线交点和转点（中线上传递方向的点）的桩。对交点、转点和曲线主点桩还应注明桩名缩写，目前我国线路中采用如表 11-1。

表 11-1　线路主要标志名称表

| 标志点名称 | 简称 | 缩写 | 标志点名称 | 简称 | 缩写 |
|---|---|---|---|---|---|
| 交点 | | $JD$ | 公切点 | | $GQ$ |
| 转点 | | $ZD$ | 第一缓和曲线起点 | 直缓点 | $ZH$ |
| 圆曲线起点 | 直圆点 | $ZY$ | 第一缓和曲线终点 | 缓圆点 | $HY$ |
| 圆曲线中点 | 曲中点 | $QZ$ | 第二缓和曲线起点 | 圆缓点 | $YH$ |
| 圆曲线终点 | 圆直点 | $YZ$ | 第二缓和曲线终点 | 缓直点 | $HZ$ |

在设置里程桩时，如出现桩号与实际里程不相符的现象叫断链。断链的原因主要是由于计算和丈量发生错误，或由于线路局部改线等造成的。断链有"长链"和"短链"之分，当线路桩号大于地面实际里程时叫短链，反之叫长链。

路线总里程＝终点桩里程＋长链总和－短链总和

在里程桩设置时,等级公路用经纬仪定线,用钢尺和测距仪测距;简易公路用标杆定线,用皮尺或测绳量距,测量每隔 $3\sim5$ km 应做一次检核,长度相对闭合差不得大于 $1/1000$。

# 第三节 线路纵断面测量

线路的纵断面测量设计就是把线路的各点中桩的高程测量出来,并绘制到一定比例尺的图上进行纵断面的拉坡设计、竖曲线设计、设计高程计算等。

**一、纵断面测量**

1. 步骤

(1)在已知水准点 $BM\,II\,1$ 和路线起点桩 $0+000$ 两点间安置水准仪。

(2)照准后视点(水准点 $BM\,II\,1$)标尺,设其读数为 $a_1$,可得视线高 $(a_1+H_{BM\,II\,1})$。

(3)照准前视点($0+000$ 桩)标尺,设其读数为 $b_1$,可计算出 $0+000$ 桩高程 $H_0+000 = (a_1+H_{BM\,II\,1})-b_1$。

(4)将仪器安置于同时方便观测 $0+000$ 桩、$0+070$ 桩、$0+100$ 桩和 $0+200$ 桩的地方,照准后视点($0+000$ 桩)标尺,设其读数为 $a_2$,可得视线高为 $(a_2+H_0+000)$。

(5)照准前视点($0+070$ 桩)标尺,设其读数为 $b_2$,可计算出 $0+070$ 桩高程为 $H_0+070 = (a_2+H_0+000)-b_2$。

(6)分别照准间视点 $0+100$ 桩、$0+200$ 桩标尺,方法同步骤(5),计算出其高程。

(7)依照上述步骤,逐站施测其余各桩。

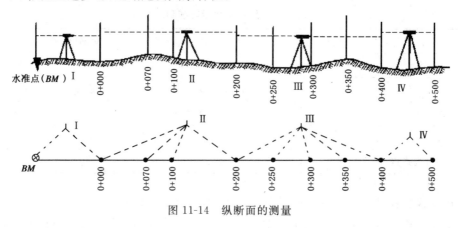

图 11-14 纵断面的测量

2. 绘制纵断面图

为使地面起伏变化更明显,纵轴比例尺一般选用横轴比例尺的 10 倍。绘制方法:

（1）在横轴上按水平距离比例尺定出里程桩和加桩的位置,并在栏内相应位置标注桩号。

（2）将各桩的实测高程填入高程栏,并按高程比例尺在纵轴上相应的位置标定点位,再把这些点连成线,即为纵断面图。

（3）根据设计坡度计算出渠底起点和终点的设计高程。

（4）在纵轴上标定其点位并用直线连接起来,即为渠底设计线;同法可连出渠堤顶线。

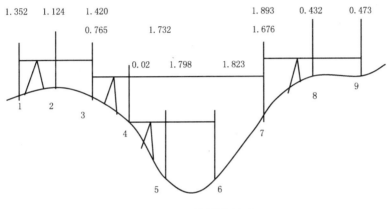

图 11-15　绘制纵断面

3.记录

记录时应该注意的是要保证填写准确,判断哪些是前视,哪些是中视,哪些是后视。传递高程的点应该既有前视也有后视,只有中视的点没有传递高程。

按图 11-15 填写表格（表 11-2）,并计算高程,1 点高程 100.00。

表 11-2　测点的记录格式

| 测点 | 后视 | 中视 | 前视 | 高程 | 备注 |
|---|---|---|---|---|---|
| 1 | 1.352 | | | 100 | |
| 2 | | 1.124 | | 100.228 | |
| 3 | 0.765 | | 1.420 | 99.932 | |
| 4 | 0.02 | | 1.732 | 98.965 | |
| 5 | | 1.798 | | 97.187 | |
| 6 | | 1.823 | | 97.162 | |
| 7 | 1.893 | | 1.676 | 99.021 | 以 3 点为后 |
| 8 | | 0.432 | | 100.482 | |
| 9 | | 0.473 | | 100.441 | |

## 二、基平测量

当线路较长时,为保证测量中桩各点高程的准确性,通常需要把已知的高程点引测到整条线路的附近,每隔一定的距离引测一点,作为线路的基平点。在此点附近的线路中桩高程都可以用此点作为基础高程进行测量。这个引测的过程就称为基平测量。如图 11-16 所示。

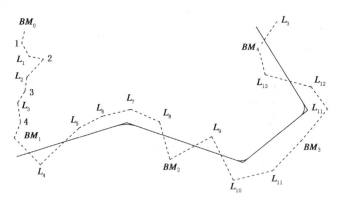

图 11-16　基平测量

实线为线路中心线,虚线为水准仪测量的路线。

$BM_0$ 为已知水准高程点,$BM_1$,$BM_2$,…为线路基本点。1,2,3,…为水准仪的测站点。$L_1$,$L_2$,$L_3$,…为高程传递点。

注意事项:

(1)水准仪在摆站时要注意整平,点位尽量落在与前视后视距离相近的位置,确保消除仪器的内部误差。

(2)瞄准后视读数后,立即转向瞄准前视,这时还必须保持整平状态,若此时精平水准泡错开,则瞄准前视后,还必须在此状态下进行精平,然后再读数。

(3)为确保测量的准确性,要求往返测量,精度在普通测量学的要求以内,读数方可使用。也可以用双面尺的方法进行校核,在测量中尽量每站进行校核。

(4)基平测量的数据应进行平差处理后方可使用。具体平差方法见普通测量知识。

(5)测量时,水准尺应该垂直,读数时应首先消除视差,司仪者读中丝卡位的最小数据,以保证读数最准确。

(6)立尺的测量员必须保证尺的底端不带泥土,用塔尺时要注意尺间不脱节。

## 三、中平测量

中平测量就是在基平测量的基础上,基平时引测的高程点作为基准高程,用水准仪测出每个中桩的地面高程,又称中桩抄平,见图 11-17。

图 11-17　中平测量示意图

# 第四节　线路横断面测量

线路横断面测量的主要任务是在各中线桩处测定垂直于线路中线方向的地面高程,然后绘成横断面图,是横断面设计、土石方等工程量计算和施工时确定断面填挖边界的依据。横断面测量的宽度,根据实际工程要求和地形情况确定,一般在中线两测各测 15~50 m,距离和高差分别准确到 0.1 m 和 0.05 m 即可满足要求。因此,横断面测量多采用简易的测量工具和方法,以提高工效。

## 一、横断面方向的测定

直线段上的横断面方向是与线路中线相垂直的方向。曲线段上的横断面方向是与曲线的切线相垂直的方向(图 11-18)。

在直线段上,如图 11-19 所示,将杆头有十字形木条的方向架立于欲测设横断面方向的 $A$ 点上,用架上的 $1-1'$ 方向线照准交点或直线段上某一转点 $ZD$,则 $2-2'$ 即为 $A$ 点的横断面方向,用花杆标定。为了测设曲线上里程桩处的横断面方向,在方向架上加一根可转动的定向杆 $3-3'$,如图 11-20 所示。如确定 $ZY$ 和 $P_1$ 点的横断面方向,先将方向架立于 $ZY$ 点上,用 $1'$ 方向照准 $JD$,则 $2-2'$ 方向即为 $ZY$ 的横断面方向。再转动定向杆 $3-3'$ 对准 $P_1$ 点,制动定向杆。将方向架移至 $P_1$

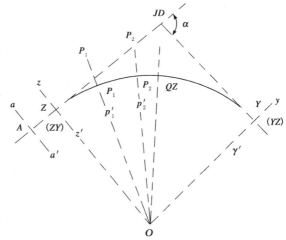

图 11-18　线路横断面方向测设

点,用 $2-2'$ 对准 $ZY$ 点,依照同弧两端弦切角相等的原理,$3-3'$ 方向即为 $P_1$ 点的横断面方向。为了继续测设曲线上 $P_2$ 点的横断面方向,在 $P_1$ 点定好横断面方向后,转动

181

方向架,松开定向杆,用 $3-3'$ 对准 $P_2$ 点,制动定向杆。然后将方向架移至 $P_2$ 点,用 $2-2'$ 对准 $P_1$ 点,则 $3-3'$ 方向即为 $P_2$ 点的横断面方向。

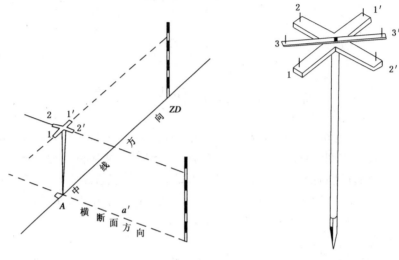

图 11-19  用方向架定横断面方向          图 11-20  方向架

## 二、横断面测量的方法

横断面上中线桩的地面高程已在纵断面测量时测出,只要测量出各地形特征点相对于中线桩的平距和高差,就可以确定其点位和高程。平距和高差可用下述方法测定。

1. 水准仪皮尺法

此法适用于施测横断面较宽的平坦地区。如图 11-21 所示,安置水准仪后,以中线桩地面高程点为后视,以中线桩两侧横断面方向的地形特征点为前视,标尺读数读至厘米。用皮尺分别量出各特征点到中线桩的水平距离,量至分米。记录格式见表 11-2,表中按线路前进方向分左、右侧记录,以分式表示前视读数和水平距离。高差由后视读数与前视读数求差得到。

2. 经纬仪视距法

安置经纬仪于中线桩上,可直接用经纬仪测定出横断面方向。量出至中线桩地面的仪器高,用视距法测出各特征点与中线桩间的平距和高差。此法适用于任何地形,包括地形复杂、山坡陡峻的线路横断面测量。利用电子全站仪则速度快、效率高。

3. 横断面图的绘制

根据实际工程要求,参照表 11-2 确定绘制横断面图的水平和垂直比例尺。依据横断面测量得到的各点间的平距和高差,在毫米方格纸上绘出各中线桩的横断面图,如图 11-21。绘制时,先标定中线桩位置,由中线桩开始,逐一将特征点展绘在图纸上,用细线连接相邻点,即绘出横断面的地面线。

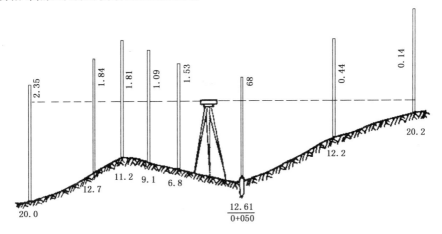

图 11-21　水准仪皮尺法测横断面

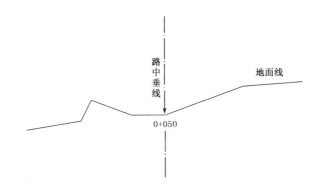

图 11-22　绘制横断面图

　　以道路工程为例,经路基断面设计,在透明图上按相同的比例尺分别绘出路堑、路堤和半填半挖的路基设计线,称为标准断面图。依据纵断面图上该中线桩的设计高程把标准断面图套绘到横断面图上。也可将路基断面设计的标准断面直接绘在横断面图上,绘制成路基断面图,这一工作俗称"戴帽子"。如图 11-23 所示,为半填半挖的路基横断面图。根据横断面的填、挖面积及相邻中线桩的桩号,可以算出施工的土石方量。

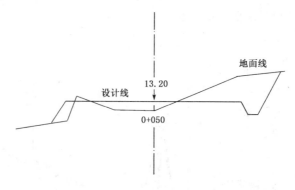

图 11-23　标准断面和横断面套绘

# 第五节　园林渠道设计

园林绿地中的渠道不同于农业上的渠道,它一般仅用于排水而非灌。其设计要求比灌溉渠道设计要求低,主要包括流量设计和纵横断面设计。在进行设计时,应考虑如下基本要求:

(1)保证顺利排水。

(2)使渠道不发生冲刷和淤积。

(3)使渠道边坡稳定。

(4)使渠道的土方量尽可能少。

**一、渠道流量设计**

渠道流量是指单位时间内流过已知过水断面的水的体积,单位为 $m^3/s$。设计渠道时,首先要确定设计流量,因为它是确定渠道断面、渠道建筑物尺寸和渠道工程规模的依据。目前设计小面积(不超过 50 $km^2$)排水渠道的流量设计,常用平均排水法进行计算,其公式为:

$$Q = M \cdot F \tag{11-7}$$

式中 $Q$ 为流量,$m^3/s$;$F$ 为排渠控制的排水面积,$km^2$;$M$ 为设计排水模数,$m^3/(s \cdot km^{-2})$。

排水模数 $M$ 是单位面积上的排水量。它分地面排水模数和地下径流模数两部分。在易涝地区计算排水流量时,用地面排水模数(也称除涝模数);在易涝易碱地区,用地面排水模数与地下径流模数之和。

除涝模数的计算方法:在平原易涝地区,首先根据当地地面多余水分对园林植物的危害程度,规定出排除这些多余水分所需的天数,然后根据排水时间、降雨量和径流系数来计算排水模数。其公式为：

$$M = \frac{a \cdot p}{86.4t} \text{ m}^3 \cdot \text{s}^{-1} \cdot \text{km}^{-2} \tag{11-8}$$

式中 $a$ 为径流系数；$p$ 为定频率的设计暴雨，mm；$t$ 为规定的排涝时间，d。

径流系数一般是指一次暴雨量（$P$）与该次暴雨所产生的径流量（$R$）的比值（$a = R/P$）。由于各地区的自然条件不同，径流系数也不同。就是同一地区，在修建排水系统前后的径流系数也是不相同的。设计时，其值大小可向当地水利部门了解。

设计暴雨流量，通常采用符合一定除涝标准的一日暴雨或三日暴雨。除涝标准是由中央和省水利部门，根据各地区水利设施现状及一定时期内农林业生产发展要求统一规定的，可从各省编制的《水文手册》中选用。

排涝天数主要根据各种园林植物的允许耐淹历时确定。

地下径流模数与土壤条件、气象条件、盐碱地灌溉冲洗、土壤盐分以及园林植物的种植等因素有关，但目前尚没有一个实用的公式供计算使用，而是根据各地条件试验确定。

例：已知某易涝区面积 15 km²，十年一遇的 24 h 降雨量为 180 mm（查地区水文测验资料得到），排水天数定为 2 d，试求排水设计流量。

解：经了解，该地区的径流系数为 0.3，则：

$$M = \frac{0.3 \times 180}{86.4 \times 2} \text{ m}^3 \cdot \text{s}^{-1} \cdot \text{km}^{-2} = 0.31 \text{ m}^3 \cdot \text{s}^{-1} \cdot \text{km}^{-2}$$

$$Q = 0.31 \times 15 \text{ m}^3 / \text{s} = 4.65 \text{ m}^3 \cdot \text{s}^{-1}$$

## 二、渠道横断面设计

渠道横断面设计是根据已确定的设计流量，通过水力计算，确定出合理的渠道横断面尺寸。类似园路，按开挖方式也分为填方、挖方和半填半挖式 3 种。横断面各部分的名称如图 11-24 所示。其设计规格包括渠道的底宽、水深、内外边坡、超高和堤顶宽等。

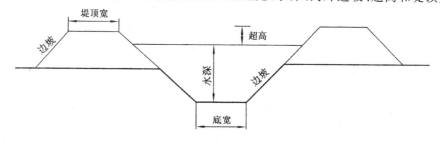

图 11-24　横断面各部分的名称

1.确定渠道的纵坡

纵坡用 $i=1:M$ 表示,即渠底高程每降 1 m 渠道向前延伸 $M$ m。纵坡是渠道设计起主导作用的因子。一般情况下,流量大的渠道纵坡要小,也即应缓些;流量小的渠道纵坡应大些。此外还要考虑土质、工程量、自然落差等因素。

2.确定渠道边坡

对于土质渠道,为了防止岸边坍塌,应断面的侧边呈斜坡状。斜坡的高差与其水平距离之比叫渠道的边坡,其大小与土质、坡高等有关。

3.确定堤顶宽和超高

堤顶宽和超高(指堤顶超过最高水面的垂直距离)是各种渠道断面的重要组成部分,其作用是防止渠道水在波动或其他的特殊情况下,漫上堤顶,以确保渠道的安全。堤顶的宽度和超高应按渠道的级别和流量来确定。

4.确定渠道的底宽和水深

渠道的底宽和水深,在水力学上是根据已设计的流量和有关参数用输水能力公式经试算来确定的。

**三、渠道纵横断面设计**

渠道纵断面设计的主要内容是:确定渠道水位线、渠底线和堤顶线,其中主要的是水位线。水位线设计得合理,可使各级渠道在正常使用的情况下,沿渠的水位都能满足下级渠道分水口对水位的要求,确保排水顺畅。同时水位线又是确定渠底线和堤顶线的依据。

1.设计水位线

各处渠底高程加上设计水深,即为设计水位,各相邻点间设计水位的连线为设计水位线。

$$设计水位高程 = 渠底设计高程 + 设计水深$$

2.渠底设计线

作为排水渠道,在确定了起点的渠底高程 $H_0$ 和设计纵坡 $i$ 后,其纵断面的主要设计工作就是计算渠道上距离起点 $d$ m 处的设计渠底高 $H_d$,即:

$$H_d = H_0 + d \times I \tag{11-9}$$

渠底各相邻设计点间的连线即为渠底设计线。

3.堤顶设计线

设计水位高程加上超高即为堤顶设计高,堤顶各设计高程点的连线称为堤顶设计线。

$$堤顶设计高程 = 设计水位高程 + 超高$$

**四、渠道施工土石方量的计算**

土石方量的计算采用平均断面积法,方法与园路设计中土石方量的计算相同。

## 思考练习题

1.说一说横断面测量的方法。

2.园林渠道设计基本的要求是什么?

3.渠道横断面设计的步骤是什么?

# 第十二章  园林工程施工测量

园林工程施工测量的原则和测图工作的原则相同,也是"先整体,后局部","先控制测量,后碎部测量"。在用地现场,根据工程的定位精度要求,进行相应精度等级的控制网布设。如果我们进行园林工程施工的区域不是特别大,而且在施工现场仍有过去测绘地形图时的测量控制点可以利用,没有特殊情况时就可直接进行园林工程施工的各项测量工作。

## 第一节  测设的基本工作

### 一、水平角测设

水平角测设就是根据给定角的顶点和起始方向,将设计的水平角的另一方向标定出来。根据精度要求的不同,水平角测设有两种方法。

1.水平角测设的一般方法

当水平角测设精度要求不高时,其测设步骤如下:

(1)如图 12-1 所示,$O$ 为给定的角顶,$OA$ 为已知方向,将经纬仪安置于 $O$ 点,用盘左后视 $A$ 点,并使水平度盘读数为 $0°00'00''$。

(2)顺时针转动照准部,使水平度盘读数准确定在要测设的水平角值 $\beta$,在望远镜视准轴方向上标定一点 $B'$。

(3)松开照准部制动螺旋,倒镜,用盘右后视 $A$ 点,读取水平度盘读数为 $\alpha$,顺时针转动照

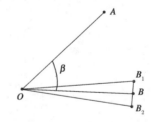

图 12-1  水平角测度的一般方法

准部,使水平度盘读数为 $(\alpha+\beta)$,同法在地面上定出 $B''$ 点,并使 $OB''=OB'$。

(4)如果 $B'$ 与 $B$ 重合,则 $\angle AOB'$ 即为欲测设的 $\beta$ 角;若 $B'$ 与 $B''$ 不重合,取 $B'B''$ 连线的中点 $B$,则 $\angle AOB$ 为欲测设的 $\beta$ 角。

2.水平角测设的精密方法

该方法用于测设精度要求较高时,其测设步骤如下:

(1)先用一般方法测设出欲测设的 $\beta$ 角,如图 12-2 所示。

（2）用测回法测出 $\angle AOB'$ 的角值为 $\beta'$。

（3）过 $B'$ 作 $OB'$ 的垂线，在垂线方向精确量取 $BB'=OB'\tan(\beta-\beta')$，则 $\angle AOB$ 为欲测设的 $\beta$ 角；若 $(\beta-\beta')<0$，则 $B$ 点的位置与图相反。

另外，当我们要测设的角度为 90° 时，且测设的精度要求较低，也可根据勾股定理进行测设。测设方法如下：

如图 12-3 所示，欲在 $AB$ 边上的 $A$ 点定出垂直于 $AB$ 的直角 $AD$ 方向。先从 $A$ 点沿 $AB$ 方向量 3 m 得 $C$ 点，把一把卷尺的 5 m 处置于 $C$ 点，另一把卷尺的 4 m 处置于 $A$ 点，然后拉平拉紧两卷尺，两卷尺在零点的交叉外即为欲测设的 $D$ 点，此时 $AD \perp AB$。

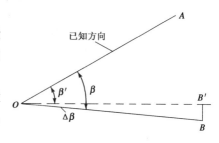

图 12-2　水平角测度的精密方法

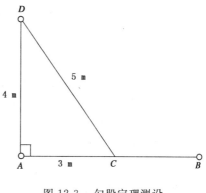

图 12-3　勾股定理测设

### 二、水平距离的测设

测设水平距离就是根据给定直线的起点为起始方向，将设计的长度（即直线的终点）标定出来，其方法如下：

在一般情况下，可根据现场已定的起点 $A$ 和方向线，如图 12-4 所示，将需要测设的直线长度 $d'$ 用钢尺量出，定出直线端点 $B'$。如测设的长度超过一个尺段长，仍应分段丈量。返测 $B'A$ 的距离，若较差（或相对误差）在容许范围内，取往返丈量结果的平均值作为 $AB'$ 的距离，并调整

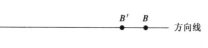

图 12-4　水平距离的测设

端点位置 $B'$ 至 $B$，并使 $BB'=d'-d'_{AB'}$，当 $B'B>0$ 时，$B'$ 往前移动；反之，往后移。

当精度要求较高时，必须用经纬仪进行直线定线，并对距离进行尺长、温度和倾斜改正。

### 三、高程的测设

根据某水准点（或已知高程的点）测设一个点，使其高程为已知值。其方法如下：

（1）如图 12-5 所示，$A$ 为水准点（或已知高程的点），需在 $B$ 点处测设一点，使其高程 $h_B$ 为设计高程。安置水准仪于 $A$、$B$ 的等距离处，整平仪器后，后视 $A$ 点上的水准尺，得水准尺读数为 $\alpha$。

（2）在 $B$ 点处钉一大木桩（或利用 $B$ 点处牢靠物体），转动水准仪的望远镜，前视 $B$

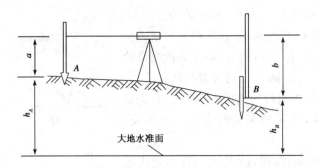

图 12-5　高程的测设

点上的水准尺,使尺缓缓上下移动,当尺读数恰为

$$b = h_A + a - h_B \qquad (12-1)$$

时,尺底的高程即为设计高程 $h_B$,用笔沿尺底画线标出。

(3)施测时,若前视读数大于 $b$,说明尺底高程低于欲测设的设计高程,应将水准尺慢慢提高至符合要求为止;反之应降低尺底。

如果不用移动水准尺的方法,也可将水准尺直接立于桩顶,读出桩顶读数 $b_{读}$,进而求出桩顶高程改正数 $h_{改}$,并标于木桩侧面。即

$$h_{改} = b_{读} - b \qquad (12-2)$$

若 $h_{改} > 0$,则说明应自桩顶上返 $h_{改}$ 才为设计标高;若 $h_{改} < 0$,则应自桩顶下返 $h_{改}$ 即为设计标高。

例:设计给定 ±0 标高为 12.518 m,即 $h_B = 12.518$ m。水准点 $A$ 的高程为 12.106 m,即 $h_A = 12.106$ m。水准仪置于二者之间,在 $A$ 点尺上的读数为 1.402 m,则

$$b = h_A + a - h_B = (12.106 + 1.402 - 12.518)\text{m} = 0.990 \text{ m}$$

若在 $B$ 点桩顶立尺,设读数为 0.962 m,则

$$h_{改} = b_{读} - b = (0.962 - 0.990)\text{m} = -0.028 \text{ m}$$

说明应从桩顶下返 0.028 m 即为设计标高。

在施工过程中,常需要同时测设多个同一高程的点(即抄平工作),为提高工作效率,应将水准仪精密整平,然后逐点测设。

现场施工测量人员多习惯用小木杆代替水准尺进行抄平工作,此时需由观测者指挥 $A$ 点上的后尺手,用铅笔尖在木杆面上移动,当铅笔尖恰在视线上时(水准仪同样需要精平),观测者喊"好",后尺手就据此在杆面上划一横线,此横线距杆底的距离即为后视读数 $a$,则仪器视线高为

$$h = h_A + a \qquad (12-3)$$

由杆底端向上量出应读的前视读数

$$b = h - h_B = h_A - h_B + a$$

据 $b$ 值在杆上画出第二根铅笔线。此后再由观测者指挥立杆人员在 $B$ 点外上下移动小木杆,当水准仪十字丝恰好对准小木杆上第二道铅笔线时,观测者喊"好",此时前尺的助手在小木杆底端平齐处划线标记,此线即为欲设计高程 $h_B$。

用小木杆代替水准尺进行抄平,工具简单、方便易行,但须注意小木杆上下头需有明显标记,避免倒立;在进行下一次测量之前,必须清除小木杆上的标记,以免用错。

# 第二节　点的平面位置测设

园林工程的特征点测设可分为点的高程测设和点的平面位置测设。点的高程测设在上一节已作介绍,点的平面位置测设常用以下几种方法,施工人员可根据实际情况选用。

### 一、直角坐标法

直角坐标法是根据直角坐标原理,利用纵横坐标之差,测设点的平面位置。直角坐标法适用于施工控制网为建筑方格网或建筑基线的形式,且量距方便的建筑施工场地。

### 二、极坐标法

当施工场地有导线网且量距较方便时常用此法。其步骤如下:

(1)如图 12-6 所示,欲测设一点 $A$,现场控制点为 $P$,$Q$。在总平面图上查得 $P$,$A$ 两点的坐标值分别为 $(x_P, y_P)$、$(x_A, y_A)$,以及 $PQ$ 的坐标方位角 $\alpha_{PQ}$

(2)计算 $PA$ 的坐标方位角

$$\alpha_{PA} = \arctan \frac{y_A - y_P}{x_A - x_P}$$

计算 $PA$ 与 $PQ$ 的夹角 $\beta$

$$\beta = \alpha_{PQ} - \alpha_{PA}$$

计算 $PA$ 的水平距离

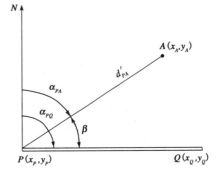

图 12-6　横坐标法测设示意图

$$d'_{PA} = \sqrt{(x_A - x_P)^2 + (y_A - y_P)^2}$$

当精度要求较低时,上述的 $\beta$,$d'_{PA}$ 可以在图上直接量取。

(3)置经纬仪于 $P$ 点,运用测设水平角方法使 $\angle APQ = \beta$,在 $PA$ 方向线上,测设距离 $PA = d'_{PA}$,则 $A$ 点即为欲测设的点。

### 三、角度交会法

当现场量距不便或待测点远离控制点时,可采用此法。其步骤如下:

(1)如图 12-7 所示,欲测设 $A$ 点,$P$,$Q$ 为现场控制点,根据 $A$,$P$,$Q$ 点的坐标值可计算 $PA$ 与 $PQ$、$QA$ 与 $QP$ 的夹角 $\beta_1$,$\beta_2$。

(2)两架经纬仪分别置于 $P$,$Q$ 两点,各测设 $\angle APQ=\beta_1$、$\angle AQP=\beta_2$。

(3)指挥一人持一测钎,在两点方向线交会处移动,当两经纬仪同时看到测钎尖端,且均位于两经纬仪十字丝纵丝上时,测钎位置即为欲测设的点。

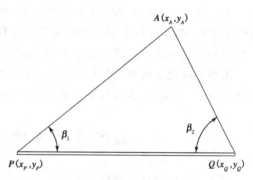

图 12-7 角度交会法示意图

### 四、支距法

当欲测设的点位于基线或某一已知线段附近,且测设点位精度要求较低时,可采用此法。其步骤如下:

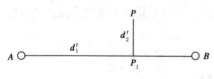

图 12-8 支距法示意图

(1)如图 12-8 所示,欲测设点 $P$ 在已知线段 $AB$ 附近,在图上过 $P$ 点作 $AB$ 的垂线 $PP_1$,量取距离 $d'_1$ 和 $d'_2$。

(2)在现场找到 $A$、$B$ 两点,从 $A$ 点沿 $AB$ 方向线测设水平距离 $d'_1$ 得 $P_1$ 点,过 $P_1$ 点测设 $AB$ 的垂直方向并在其方向线上从 $P_1$ 测设水平距离 $d'_2$ 得 $P$ 点,即为欲测设的点位。

### 五、距离交会法

当欲测设的点靠近控制点,量距又较方便,测设精度要求较低时,可用距离交会法测设点位。其步骤如下:

(1)如图 12-9 所示,欲测设一点 $A$,现场控制点为 $P$,$Q$,根据 $A$,$P$,$Q$ 点坐标值分别求出 $PA$ 及 $QA$ 的水平距离 $d'_{PA}$ 和 $d'_{QA}$。

(2)以 $P$,$Q$ 两点为圆心,$d'_{PA}$ 及 $d'_{QA}$ 为半径,分别在地面上画弧,并在两弧交点处打木桩,然后再在桩顶交会,所得的点即为欲测设的 $A$ 点。

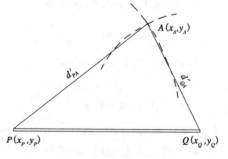

图 12-9 距离交会法示意图

### 六、平板仪放射法

当施工现场欲测设的点位较多,且通视条件良好,量距又较方便,测设精度要求较低时,可采用平板仪放射法测设点位。其步骤如下:

(1)如图 12-10 所示,$A$,$B$ 为地面控制点,$a$,$b$ 为 $A$、$B$ 在设计平面图上的相应点,欲将图上一绿地的特征点 $m$,$n$,$p$,$q$ 测设在实地上,在 $A$ 点安置平板仪(对中、整平、定向),分别在图上量取 $a$ 至 $m$,$n$,$p$,$q$ 的实地距离 $AM$,$AN$,$AP$,$AQ$。

(2)用照准仪直尺边切准图上 $am$ 线并沿照准仪方向丈量出 $AM$ 长度,打桩定出实地 $M$ 点;同法定出实地 $N$,$P$,$Q$ 点。

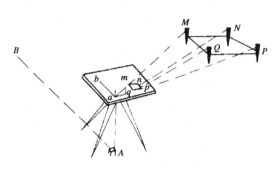

图 12-10　平板仪放射法示意图

(3)$M$,$N$,$P$,$Q$ 定出后,应用卷尺进行校核。校核时,以图上设计的长度和几何条件为准,误差较大时应查明原因重测;误差较小时应作适当调整。至此,完成该绿地平面位置的测设工作。

点位测设的方法很多,大家应根据现场实际情况和测设的精度要求,选择合适的方法和相应的仪器而灵活应用。

### 七、GPS RTK 定位法

RTK 是英文 Real Time Kinematics(实时动态)快速定位的缩写。其特点是以载波相位为观测值的实时动态差分 GPS 定位系统,其平面精度为 $\pm(1\sim10)$cm,高程定位精度为 $\pm(10\sim30)$cm。实现 GPS RTK 测量的关键技术之一是初始整周模糊度的快速解算。目前常用的方法有:

(1)静态相对定位法　即按静态或快速静态相对定位法定位。静态相对定位法需要连续观测半小时以上,快速静态定位法需要连续观测 5 分钟左右,按三差法求得差分坐标,再根据双差法求得整周模糊度之差。

(2)已知基线法　在精确已知 WGS—84 坐标系中坐标两已知点观测 10 个历元,依差分坐标按双差方程求得整周模糊度之差。

(3)交换天线法　对处理方法进行改进,如加测天线之间距离,使初始解算增加一个约束条件,从而更加精确、快速、可靠地解算整周模糊度。

(4)OTF(on the fly)法　即运动中解算整周模糊度。在移动站运动状态通过观测至少 5 个历元,按一定算法求出整周模糊度之差。

以上四种方法中,前三种方法在运动过程中出现周跳时均需要返回原初始化地点,重新初始化以解求整周模糊度,第四种方法已有多种算法,是一种有前途的方法,但对单频机而言,实现起来尚有许多困难。实际应用中,还可以利用以上方法组合,如交换天线与加测天线之距离组合快速解算整周模糊度,失锁后利用失锁前后一个未失锁前观测点解算整周模糊度之差,从而实现在失锁地附近重新初始化。

# 第三节　施工控制测量

为工程建设和工程放样而布设的测量控制网,称为施工控制网。建立施工控制网进行测量的工作,称为施工控制测量。施工控制网不仅是施工放样的依据,也是工程竣工测量的依据,同时还是建筑物沉降观测以及将来建筑物改建、扩建的依据。

**一、施工控制测量坐标系统**

在进行工程总平面图设计时,为了便于计算和使用,建筑物的平面位置一般采用施工坐标系的坐标来表示。所谓施工控制测量坐标系统,就是以建筑物的主轴线或平行于主轴线的直线为坐标轴而建立起来的坐标系统。为了避免整个测区出现坐标负值,施工坐标系的原点应设在施工总平面图西南角之外,也就是假定某建筑物主轴线的一个端点的坐标是一个比较大的正值。例如,设某主轴线的起点 $A$ 的坐标为 $x_A = 10000.00$ m, $y_A = 10000.00$ m。若 $A$ 点位于测区中心,而且测区只有几平方千米,则坐标原点就处于测区的西南角,测区内所有点的坐标值均为正值。

为了计算放样数据的方便,施工控制网的坐标系统一般应与总平面图的施工坐标系统一致。因此,布设施工控制网时,应尽可能把工程建筑物的主要轴线当做施工控制网的一条边。

**二、施工控制测网的布设及测设方法**

1.施工控制网的布置和主轴线的选择

施工控制网的布置,应根据建筑设计总平面图上各建筑物、构筑物、道路及各种管线的布设情况,结合现场的地形情况拟定。布置时应先选定施工控制网的主轴线,然后再布置方格网。方格网的形式可布置成正方形或矩形。当场区面积较大时,常分两级。首级可采用"十"字形、"口"字形或"田"字形,然后再加密方格网;当场区面积不大时,尽量布置成全面方格网。

布网时,方格网的主轴线应布设在场区的中部,并与主要建筑物的基本轴线平行。方格网的折角应严格成90°。方格网的边长一般为 $100\sim200$ m;矩形方格网的边长视建筑物的大小和分布而定,为了便于使用,边长尽可能为 50 m 或它的整倍数。方格网的边应保证通视且便于测距和测角,网点标志应能长期保存。

2.确定主点的施工坐标

施工控制网的主轴线,是施工控制网扩展的基础。当场区很大时,主轴线很长,一般只测设其中的一段,主轴线的定位点,称主点。主点的施工坐标一般由设计单位给出,也可在总平面图上用图解法求得一点的施工坐标后,再按主轴线的长度推算其他主点的施工坐标。

3.求算主点的测量坐标

当施工坐标系与国家测量坐标系不一致时,在施工方格网测设之前,应把主点的施工坐标换算为测量坐标,以便求算测设数据。

$$\begin{cases} x_P = x'_0 + A_P \cdot \cos - B_P \cdot \sin\alpha \\ y_P = y'_0 + A_P \cdot \sin - B_P \cdot \cos\alpha \end{cases} \tag{12-4}$$

# 第四节　园林道路施工放样

**一、园林道路中线放样**

园路的中线放样就是把园路中线测量时设置的各桩号,如交点桩(或转点桩)、直线桩、曲线桩(主要是圆曲线的主点桩)在实地上重新测设出来。在进行测设时,首先在实地上找到各交点桩位置,若部分交点桩已丢失,可根据园路测量时的数据用极坐标法把丢失的交点桩恢复起来;圆曲线主点桩的位置可根据交点桩的位置和切线长 $T$、外距 $E$ 等曲线元素进行测设;直线段上的桩号根据交点桩的位置和桩距用钢尺丈量测设出来。

**二、园林道路圆曲线的测设**

路线是由直线与曲线连接而成的,而连接不同方向路线的线路称为平面曲线,平面曲线又分为圆曲线和缓和曲线。现重点介绍圆曲线的测设方法。

圆曲线的测设一般分以下两步进行:

第一步,先测设圆曲线上起控制作用的点,如:起点($ZY$)、终点($YZ$)和曲中点($QZ$),这步称为圆曲线上主点的测设。

第二步,在已测定的主点间进行加密,按规定桩距测设曲线上的其他各桩点,这步称为圆曲线的详细测设。

1.圆曲线的主点测设

(1)圆曲线测设元素的计算　如图12-11,设线路交点($JD$)的转角为 $\alpha$,圆曲

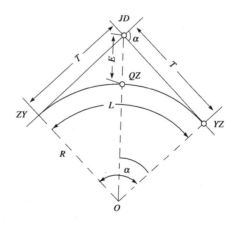

图 12-11　圆曲线测设示意图

线半径为 $R$（$R$ 的设计可参考有关规定）。则圆曲线的测设元素可按下式计算：

切线长　$T = R\tan(\alpha/2)$ 　　　　　　　　　　　　　　　　　　（12-5）

曲线长　$L = R\alpha(\pi/180)$ 　　　　　　　　　　　　　　　　　　（12-6）

外矢距　$E = R[\sec(\alpha/2) - 1]$ 　　　　　　　　　　　　　　　（12-7）

切曲差　$D = 2T - L$ 　　　　　　　　　　　　　　　　　　　　　（12-8）

其中 $T$、$E$ 用于主点测设，$T,L,D$ 用于里程计算，在测设中 $T,L,E,D$，一般是以 $R$ 和 $\alpha$ 为引数，直接从曲线测设表中查取。

例：某线路交点（JD）转角 $\alpha = 45°00'$，曲线设计半径 $R = 200$ m，求切线长 $T$、外矢距 $E$ 及切曲差 $D$。

解　　由式（12-5）、式（12-6）、式（12-7）、式（12-8）可求出

$$T = 82.84\text{m} \qquad E = 16.48\text{m}$$

$$L = 157\text{m} \qquad D = 8.68\text{m}$$

(2)里程计算　交点（JD）的里程是经实地测量得出的，圆曲线主点的里程则由图 12-11 可知：

$ZY$ 里程 $= JD$ 里程 $- T$

$YZ$ 里程 $= ZY$ 里程 $+ L$

$QZ$ 里程 $= YZ$ 里程 $- L/2$

$JD$ 里程 $= QZ$ 里程 $+ D/2$ 　　（检核）

接前面例题，设 $JD$ 点的里程为 $K_1 + 573.36$，求 $ZY$、$YZ$、$QZ$ 三点的里程，并检核主点桩号计算无误。

| | | |
|---|---|---|
| $JD$ | | $k_1 + 573.36$ |
| $-)\ T$ | | $82.84$ |
| $ZY$ | | $k_1 + 490.52$ |
| $+)$ | | $157$ |
| $YZ$ | | $k_1 + 647.52$ |
| $-)\ L/2$ | | $78.5$ |
| $QZ$ | | $k_1 + 569.02$ |
| $+)\ D/2$ | | $4.34$ |
| $JD$ | | $k_1 + 573.36$ |

(3)主点测设　将经纬仪安置在交点（JD）上，后视相邻交点或转点，沿视线方向量取切线长度 $T$，得曲线起点（ZY），并检查 ZY 点至相邻里程桩的距离，较差应在限差之内后并打桩。再将望远镜瞄准前视方向的交点或转点，沿此方向量切线长度 $T$，得曲线终点（YZ）。最后沿分角线方向量取外矢距 $E$，得到曲线中点（QZ）。

2.圆曲线的详细测设

圆曲线的主点定出以后,还应沿着曲线加密曲线,才能将圆曲线的形状和位置详细地在地面上表示出来。圆曲线的详细测设就是测设除主点以外的一切曲线桩,包括一定距离的里程桩和加桩。圆曲线详细测设方法有多种,现介绍几种常用的方法。

(1)偏角法　是一种极坐标定点的方法。是利用偏角(弦切角)和弦长来测设圆曲线的。如图 12-12 所示,它是以曲线的起点(或终点)至任一待点的弦线与切线间的偏角,(即弦切角)和相邻点间的弦长 $d$ 来测设点的位置。

①偏角的计算采用偏角法测设曲线,一般采用整桩号法设桩,现设整弧段长为 $l_0$,与其相对应的弦长为 $d_0$。首尾两零弧长分别为 $l_1,l_2$ 和中间几段相等的整弧长 $l$ 之和,即

$$L = l_1 + n \cdot l + l_2 \qquad (12\text{-}9)$$

弧长 $l_1,l_2$ 和所对的相应圆心角为 $\varphi_1,\varphi_2$ 及 $\varphi$,可按下列公式计算

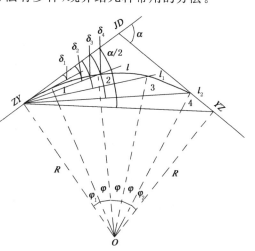

图 12-12　圆曲线测设示意图

$$\begin{cases} \varphi_1 = \dfrac{180°}{\pi}\dfrac{l_1}{R} \\[2mm] \varphi_2 = \dfrac{180°}{\pi}\dfrac{l_2}{R} \\[2mm] \varphi = \dfrac{180°}{\pi}\dfrac{l}{R} \end{cases} \qquad (12\text{-}10)$$

弧长 $l_1,l_2$ 和所对应的弦长 $d_1,d_2$ 及 $d$ 计算公式为

$$\begin{cases} d_1 = 2R \cdot \sin\dfrac{\varphi_1}{2} \\[2mm] d_2 = 2R \cdot \sin\dfrac{\varphi_2}{2} \\[2mm] d = 2R \cdot \sin\dfrac{\varphi}{2} \end{cases} \qquad (12\text{-}11)$$

曲线上各点的偏角等于所对应的弧的圆心角的一半:

$$\begin{cases} 第一点偏角\ \delta_1 = \dfrac{\varphi_1}{2} \\[2mm] 第二点偏角\ \delta_2 = \dfrac{\varphi_1}{2} + \dfrac{\varphi}{2} \\[2mm] 第三点偏角\ \delta_3 = \dfrac{\varphi_1}{2} + \dfrac{\varphi}{2} + \dfrac{\varphi}{2} = \dfrac{\varphi_1}{2} + \varphi \\[2mm] \qquad\cdots\cdots\cdots\cdots\cdots\cdots\cdots\cdots \\[2mm] 终点\ YX\ 偏角\ \delta_r = \dfrac{\varphi_1}{2} + \dfrac{\varphi}{2} + \cdots + \dfrac{\varphi_2}{2} = \dfrac{\alpha}{2} \end{cases} \qquad (12\text{-}12)$$

②测设方法如下:如图 12-12 所示,经纬仪安置在曲线起点 $ZY$,瞄准交点($JD$),置水平度盘读数为零;顺时针转动仪器,使度盘读数为 $\delta_1$,在此方向上量取弦长 $d_1$,并打桩记为 1 点;然后把角拨至 $\delta_2$,将钢尺的零点对准 1 点,以弦长 $d$ 为半径画弧与经纬仪的方向相交于 2 点,其余依此类推。当拨至 $\dfrac{\alpha}{2}$ 时,视线应通过曲线终点 $YZ$,最后一个细部点至曲线终点的距离为 $d_1$,以此检测,即可测设出曲线各桩点。

偏角法不仅可以在 $ZY$ 点上安置仪器测设曲线,而且还可以在 $YZ$ 或 $QZ$ 点上安置仪器进行测设,也可以将仪器安置在曲线任一点上测设。这是一种测设精度较高,实用性较强的常用方法。

(2)切线支距法 也叫直角坐标法,它是以曲线起点 $ZY$ 或终点 $YZ$ 为坐标原点,切线方向为 $X$ 轴,过原点的半径方向为 $Y$ 轴,利用曲线上的各点在此坐标系中的坐标测设曲线。如图 12-13 所示,$l_1$ 为待测点至原点间的弧长,$R$ 为曲线半径,待测点 $P_1$ 的坐标可按下式计算:

$$\begin{cases} x_i = R\sin\varphi_i \\ y_i = R(1 - \cos\varphi_i) \end{cases} \qquad (12\text{-}13)$$

式中 $\varphi_i = \dfrac{l_i}{R}\dfrac{180}{\pi}(i = 1, 2, 3, \cdots)$。

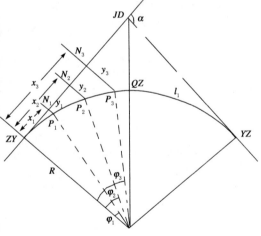

图 12-13 切线支距法详细测设圆曲线

测设时可采用整桩距法设桩,即按规定的弧长 $l_0$(20 m,10 m 或 5 m)设桩,但在测设第一个桩点时,为了避免出现零数的桩号,可先测一段小于 $l_0$ 的弧,得一整桩号,然后从此点开始按规定的弧长 $l_0$ 测设。具体施测步骤如下:

①在 $ZY$ 点安置经纬仪,瞄准交点 $JD$ 定出切线方向,沿其视线方向从 $ZY$ 点量取 $P_i$ 点横坐标 $x_i$,得垂足点 $N_i$。

②在 $N_i$ 点用方向架或经纬仪测出直角方向,量出横坐标 $y_i$,即可定出曲线点 $P_i$。

③曲线细部点测设完毕后,要量取 $QZ$ 点至最近一个曲线桩的距离与其桩号做比较,来检查是否超限。

此方法适用在地势平坦地区,具有测法简单、误差不积累、精度高等优点。

（3）极坐标法　当地面量距困难时,可采用光电测距仪或全站仪测设圆曲线,这时用极坐标法测设就显得极为方便。如图 12-14 所示,仪器安置于曲线的起点（$ZY$）,后视切线方向,拨出偏角后,在仪器视线上测设出弦长 $d_1$,即可放样点 $P_1$。

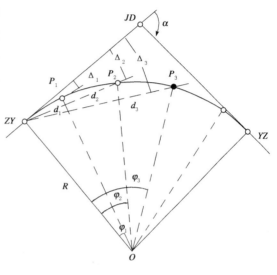

偏角计算方法与上述的偏角法相同,弦长也可以参照偏角法弦长计算公式,由弦长 $C_1$ 对应的圆心角和半径 $R$ 求出,即

$$C_i = 2R\sin\frac{\varphi_i}{2} = 2R\sin\Delta_i$$

$$(12\text{-}14)$$

图 12-14　极坐标法测设圆曲线

### 三、路基放样

路基放样就是把设计好的路基横断面在实地构成轮廓,作为填土或挖土依据。

**1. 路堤放样**

图 12-15 为平坦地面路堤放样情况。从中心桩向左、右各量 $B/2$ 宽,钉设 $A$, $P$ 坡脚桩,从中心桩向左、右各量 $B/2$ 宽处竖立竹竿,在竿上量出填土高 $h$,得坡顶 $C$, $D$ 和中心点 $O$,用细绳将 $A$, $C$, $O$, $D$, $P$ 连接起来,即得路堤断面轮廓。施工中可在相信断面的坡脚连线上撒出白灰线作为填方的边界。

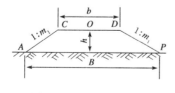

图 12-15　平坦路堤放样

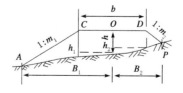

图 12-16　非平坦路堤放样

若路基仅次于弯道上,应把有加宽和加高的数值放样进去。若路基断面仅次于斜坡上,如图 12-16 所示,先在图上量出 $B_1$,$B_2$ 及 $C,O,D$ 3 点的填高数,按这些放样数据即可进行现场放样。

2.路堑放样

图 12-17 分别是在平坦地面和斜坡上路堑放样情况。主要是在图上量出 $B/2$ 和 $B_1$,$B_2$ 长度,从而可以定出坡顶 $A,P$ 的实地位置。为了施工方便,可以制作坡度板,如图 12-18 所示,作为边坡施工时的依据。

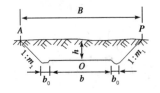

图 12-17　平坦地面路堑放样

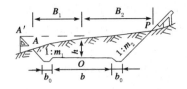

图 12-18　斜坡上路堑放样

对于半填半挖的路基,除按上述方法测设坡脚 $A$ 和坡顶 $P$ 外,一般要测出施工量为零的点 $O'$,如图 12-19 所示,拉线方法从图中可以看出,不再加以说明。

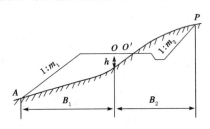

图 12-19　半填半挖路基放样

# 第五节　园林建筑施工测量

园林建筑施工测量的原则和测图工作的原则相同,也是"先整体、后局部","先控制测量,后碎部测量"。如果我们进行的园林工程施工区域不是特别大,而且在施工现场仍有过去测绘地形图时的测量控制点可以利用,没有特殊情况时可直接进行园林工程施工的各项测量工作。本节介绍园林建筑施工测量,它包括以下几方面的测量工作。

## 一、园林建筑物的定位

园林建筑物的定位,就是将建筑物外廓的各轴线交点(简称角桩),测设到地面上,作为基础放样和主轴线放样的依据。根据现场定位条件的不同,可选择以下方法。

1.利用"建筑红线"定位

在施工现场有规划管理部门设定的"建筑红线",则可依据此"红线"与建筑物的位置关系进行测设,如图 12-20 所示,AB 为"建筑红线",新建筑物茶道室的定位方法如下:

（1）从平面图上查得茶道室轴线 MP 的延长线上的点 P' 与 A 点间的距离 AP'、茶室的长度 PQ 及宽度 PM。

（2）在桩点 A 安置经纬仪,照准 B 点,在该方向上用钢尺量出 AP' 和 AQ' 的距离,定出 P',Q' 两点。

（3）将经纬仪分别安置在 P' 和 Q' 两点,以 AB 方向为起始方向精确测设 90°角,得出 P'M 和 Q'N 两方向,并在此方向上用钢尺量出 P'P 和 PM 的距离,分别定出 P,M,Q,N 各点。

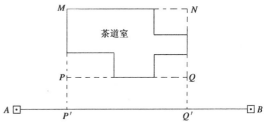

图 12-20 利用建筑红线定位

（4）用经纬仪检查 ∠MPQ 和 ∠NQP 是否为 90°,用钢尺检验 PQ 和 MN 的距离是否等于设计的尺寸。若角度误差在 1°以内,距离误差在 1/2000 以内,可根据现场情况进行调整,否则,应重新测设。

2.依据与原建筑物的关系定位

在规划范围内若保留有原有的建筑物或道路,当测设精度要求不高时,拟建建筑物也可根据它与已有建筑物的位置关系来定位,图 12-21 所示为几种情况（图中画阴影的为拟建建筑物,未画阴影的为已有建筑物）,现分别说明如下:

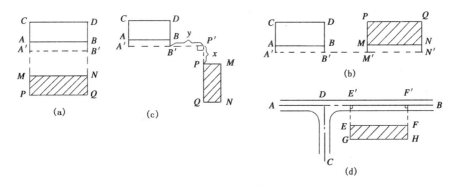

图 12-21 依据与原建筑物的关系定位

（1）(a)图为拟建建筑物与已有建筑物的长边平行的情况。测设时,先用细线绳沿着已有建筑物的两端墙皮 CA 和 DB 延长出相同的一段距离（如 2 m）得 A',B'两点;分

别在 $A'$、$B'$ 两点安置经纬仪,以 $A'B'$ 或 $B'A'$ 为起始方向,测设出 90° 角方向,在其方向上用钢尺丈量设置 $M$,$P$ 和 $N$,$Q$ 四大角的角点;定位后,对角度(经纬仪测回法)和长度(钢尺丈量)进行检查,与设计值相比较,角度误差不超过 1′,长度误差不超过 1/2000。

(2)(b)图为拟建建筑物与已有建筑物在一条直线上的情况。按上法用细线绳测设出 $A'$、$B'$ 两点,在 $B'$ 点安置经纬仪,用正倒镜法延长 $A'B'$,在延长线方向上用钢尺丈量设置 $M'$ 和 $N'$ 点;将经纬仪分别安置在 $M'$ 和 $N'$ 两点上,以 $M'A'$ 和 $N'A'$ 为起始方向,测设出 90° 角方向,在其方向线上用钢尺丈量设置 $M$,$P$ 和 $N$,$Q$ 四大角的角点,最后校核角度和长度,方法和精度同上。

(3)(c)图为拟建建筑物与已有建筑物长边互相垂直的情况。定位时按上种情况测设 $M'$ 的方法测设出 $P'$ 点;安置经纬仪于 $P'$ 点测设 $P'A'$ 的垂线方向,在其方向上用钢尺丈量设置 $P$,$Q$ 两个角点;分别在 $P$,$Q$ 两点安置经纬仪,测设 $PQ$ 的垂直方向,在其方向线上用钢尺丈量 $PM$ 和 $QN$ 的长度,即得 $M$,$N$ 两个角点。最后同法进行角度和长度校核。

(4)(d)图为拟建建筑物的轴线平行于道路中心的情况。定位时先找出路中线 $DB$,在中线上用钢尺丈量设置 $E'$,$F'$ 两点;分别在 $E'$,$F'$ 上安置经纬仪,以 $E'D$ 和 $F'D$ 为起始方向,测设出 90° 角方向,在其方向线上用钢尺丈量设置 $E$,$G$ 和 $F$,$H$ 四大角的角点。最后同法进行角度和长度校核。

若施工现场布有建筑方格网,还可用直角坐标法进行定位;拟建建筑物附近有控制点,还可按本章第四节介绍的几种方法进行定位。

### 二、园林建筑主轴线的测设

根据已定位的建筑物外廓各轴线角桩,如图 12-22 中的 $E$,$F$,$G$,$H$,详细测设出建筑物内各轴线的交点桩(也称中心桩)的位置,如图 12-22 中 $A$、$A'$,$B$、$B'$,1、1′,…,测设时,应用经纬仪定线,用钢尺量出相邻两轴线间距离(钢尺零点端始终在同一点上),量距精度不小于 1/2000。如测设 $GH$ 上的 1,2,3,4,

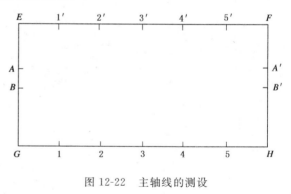

图 12-22　主轴线的测设

5 各点,可把经纬仪安置在 $G$ 点,瞄准 $H$ 点,把钢尺零点位置对准 $G$ 点,沿望远镜视准轴方向分别量取 $G-1$,$G-2$,$G-3$,$G-4$,$G-5$ 的长度,打下木桩,并在桩顶用小钉准确定位。

建筑物各轴线的交点桩测设后,根据交点桩位置和建筑物基础的宽度、深度及边坡,用白灰撒出基槽开挖边界线。

基槽开挖后,由于角桩和交点桩将被挖掉,为了便于在施工中恢复各轴线位置,应把各轴线延长到槽外安全地点,并做好标志,其方法有设置轴线控制桩和龙门板两种形式。

1. 测设轴线控制桩

轴线控制桩也称引桩,其测设方法简述如下:如图 12-23 所示,将经纬仪安置在角桩或交点桩(如 $C$ 点)上,瞄准另一对应的角桩或交点桩,沿视线方向用钢尺向基槽外侧量取 2～4 m,打下木桩,并在桩顶钉上小钉,准确标志出轴线位置,并用混凝土包裹木桩(如图 12-24 所示)。同法测设出其余的轴线控制桩。如有条件也可把轴线引测到周围原有固定的地物上,并作好标志来代替轴线控制桩。

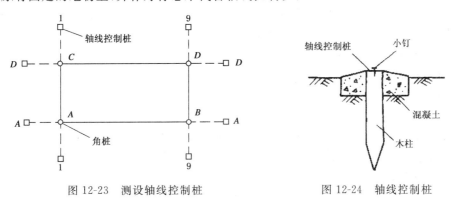

图 12-23　测设轴线控制桩　　　　　图 12-24　轴线控制桩

2. 设置龙门板

在园林建筑中,常在基槽开挖线外一定距离处钉设龙门板,如图 12-25 所示,其步骤和要求如下:

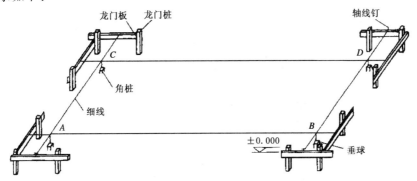

图 12-25　设置龙门板

203

（1）在建筑物四角和中间定位轴线的基槽开挖线外 1.5～3 m 处（由土质与基槽深度而定）设置龙门桩，桩要钉得竖直、牢固，桩的外侧面应与基槽平行。

（2）根据场地内的水准点，用水准仪将±0 的标高测设在每个龙门桩上，用红笔画一横线。

（3）沿龙门桩上测设的线钉设龙门板，使板的上边缘高程正好为±0，若现场条件不允许，也可测设比±0 高或低一整数的高程，测设龙门板高程的限差为±5 mm。

（4）将经纬仪安置在 A 点，瞄准 B 点，沿视线方向在 B 点附近的龙门板上定出一点，并钉小钉（称轴线钉）标志；倒转望远镜，沿视线在 A 点附近的龙门板上定出一点，也钉小钉标志。同法可将各轴线都引测到各相应的龙门板上。如建筑物较小，也可用垂球对准桩点，然后沿两垂球线拉紧线绳，把轴线延长并标定在龙门板上。

（5）在龙门板顶面将墙边线、基础边线、基槽开挖边线等标定在龙门板上。标定基槽上口开挖宽度时，应按有关规定考虑放坡的尺寸。

**三、园林建筑基础施工测设**

轴线控制桩测设完成后，即可进行基槽开挖施工等工作。基础施工中的测量工作主要有以下两个方面。

1. 基槽开挖深度的控制

在进行基槽开挖施工时，应随时注意开挖深度。在将要挖到槽底设计标高时，要用水准仪在槽壁测设一些距槽底设计标高为某一整数（一般为 0.4 m 或 0.5 m）的水平桩如图 12-26 所示，用以控制挖槽深度，水平桩高程测设的允许误差为±10 mm。考虑施工方便，一般在槽壁每隔 3～4 m 处均测设一水平桩，必要时，可沿水平桩的上表面拉线，作为清理槽底和打基础垫层时掌握标高的依据。基槽开挖完成后，应检查槽底的标高是否符合要求，检查合格后，可按设计要求的材料和尺寸打基础垫层。

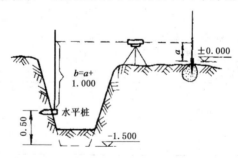

图 12-26　开挖深度的控制

2. 在垫层上投测墙中心线

基础垫层做好后，根据龙门板上的轴线钉或轴线控制桩，用经纬仪或拉绳挂垂球的方法,把轴线投测到垫层上,并标出墙中心线和基础边线,如图 12-27 所示,作为砌筑基础时的依据。

3.墙身的弹线定位

基础施工结束后,检查基础面的标高是否满足要求,检查合格后,即可进行墙身的弹线定位,作为砌筑墙身时的依据。

墙身弹线定位的方法:利用轴线控制桩或龙门板上的轴线和墙边线标志,用经纬仪或用拉线绳挂垂球的方法,将轴线投测到基础面上,然后用墨线弹出墙中线和墙边线。检查外墙轴线交角是否为直角,符合要求后,把墙轴线延长并画在外墙基上,作为向上投测轴线的依据。同时把门、窗和其他洞口的边线也在外墙基础立面上画出。

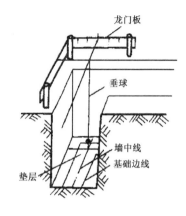

图 12-27　标出墙中心线和基础边线

4.上层楼面轴线的投测

在多层建筑施工中,需要把底层轴线逐层投测到上层楼面,作为上层楼面施工的依据。上层楼面轴线投测有两种方法。

(1)吊锤法　用较重的垂球悬吊在楼板或柱顶边缘,当垂球尖对准基础墙面上的轴线标志时,线在楼板或柱边缘的位置即为该楼层轴线端点的位置,并画线标出。同法投测其他轴线端点。经检测各轴线间距符合要求后即可继续施工。这种方法简便易行,一般能保证施工质量,但当风力较大或建筑物较高时,投测误差较大,应采用经纬仪投测法。

(2)经纬仪投测法　经纬仪在相互垂直的建筑物中部轴线控制桩上,严格整平后,瞄准底层轴线标志。用盘左和盘右取平均值的方法,将轴线投测到上楼层边缘或柱顶上。每层楼板应测设长轴线 1~2 条,短轴线 2~3 条。然后,用钢尺实量其间距,相对误差不得大于 1/2000。合格后才能在楼板上分间弹线,继续施工。

## 第六节　公园水体、堆山和平整场地的放样

### 一、公园水体的放样

挖湖或开挖水渠等放样与堆山的放样基槽相似。

首先把水体周界的转折点测设在地面上,如图 12-28 所示的 1,2,3,…,30 各点,然后在水体内设定若干点位,打上木桩。根据设计给定的水体基底标高在桩上进行测设,画线注明开挖深度,图中①~⑥各点即为此类桩点。在施工中,各桩点不要破坏,可留

出土台,待水体开挖接近完成时,再将此土台挖掉。

水体的边坡坡度,同挖方路基一样,可按设计坡度制成边坡样板置于边坡各处,以控制和检查各边坡坡度。

## 二、堆山放样

假山放样一般可用极坐标法、支距法或平板仪放射法等。如图 12-29 所示,先测设出设计等高线的各转折点,然后将各点连接,并用白灰或绳索加以标定。再利用附近水准点测出 1～9 各点应有的标高,若高度允许,可在各桩点插设竹竿划线标出。若山体较高,则可在桩的侧面标明上返高度,供施工人员使用。一般情况堆山的施工多采用分层堆叠,因此在堆山的放样过程中也可以随施工进度测设,逐层打桩,直至山顶。

## 三、平整场地的放样

平整场地的放线,即是施工范围的确定。放样的具体手法常用方格网法。

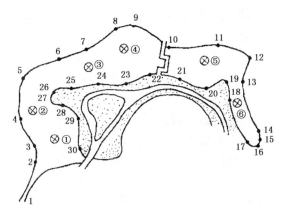

图 12-28　公园水体放样

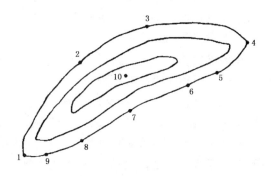

图 12-29　堆山放样

# 第七节　园林植物种植放样

**一、园林植物放样方法**

园林植物的种植也必须按设计图的要求进行施工。园林植物种植放样的方法,根据其种植形式的不同,可有以下几种。

1.孤植型

孤植型种植就是在草坪、岛上或山坡上等地的一定范围里只种植一棵大树,其种植位置的测设方法视现场情况可用极坐标法或支距法、距离交会法等。定位后以石灰或木桩标出,并标出它的挖穴范围。

2.丛植型

丛植型种植就是把几株或十几株甚至几十株乔木、灌木配植在一起，树种一般在两种以上。定位时，先把丛植区域的中心位置用极坐标法、支距法或距离交会法测设出来，再根据中心位置与其他植物的方向、距离关系，定出其他植物种植点的位置。同样撒上石灰标志，树种复杂时可钉上木桩并在桩上写明植物名称及其大小规格。

3.行（带）植型

道路两侧的绿化树、中间的分车绿带和房子四周的行树、绿篱等都是属于行（带）植型种植。定位时，根据现场实际情况一般可用支距法或距离交会法测设出行（带）植范围的起点、终点和转折点，然后根据设计株距的大小定出单株的位置，做好标记。

若是道路两侧的绿化树，一般要求对称，放样时要注意两侧单株位置的对应关系。

4.片植型

在苗圃、公园或游览区常常成片规则种植某一树种（或两个树种）。放样时，首先把种植区域的界线视现场情况用极坐标法或支距法等在实地上标定出来，然后根据其种植的方式再定出每一植株的具体位置。

**二、公园树木种植放样**

树木种植方式有两种。一种是单株（如孤植树、大灌木与乔木配植的树丛），它们每株树中心位置可在图纸上明确表示出来；另一种是只在图上标明范围而无固定单株位置的树木（如灌木丛、成片树林、树群）。它们的放样方法主要是：

1.平板仪定点

范围较大、控制点明确的可用此法。首先将图纸（图12-30）粘在平板上，在地面上 $A$ 点安置平板仪，对中、整平，用 $AK$ 直线定向，将照准仪直尺边紧贴 $A_1,A_2,A_3,A_4$ 等直线，按图上尺寸换算成实地距离分别在视线方向上，用皮尺量距定出1，2，3，4等点位置，并钉木桩，写明树种。可在范围的边界上找出一些拐弯点，分别按上法测设在地面上，然后用长绳将范围界线按设计形状在地面上标出，并撒上白灰，将树种名称、株数写在木桩上，钉在范围线内。

花坛先放中心点，然后根据设计尺寸和形状在地面上用皮尺作几何图画出边界线。

2.网格法

适用范围大、地势平坦的绿地。其做法是按比例相应地在设计图上和用地上分别画出距离相等的方格（20 m×20 m 最好），定点时先在设计图上量好树木对方格的坐标距离，在现场上按相应的方格找出定植点或树木范围线的位置，钉上木桩或撒上白灰线标明。

3.交会法

适用范围小、现有建筑物或其他地物与设计图相符的绿地。其做法是根据两个建筑物或固定地物与测点的距离用距离交会定出树木边界或单株位置。

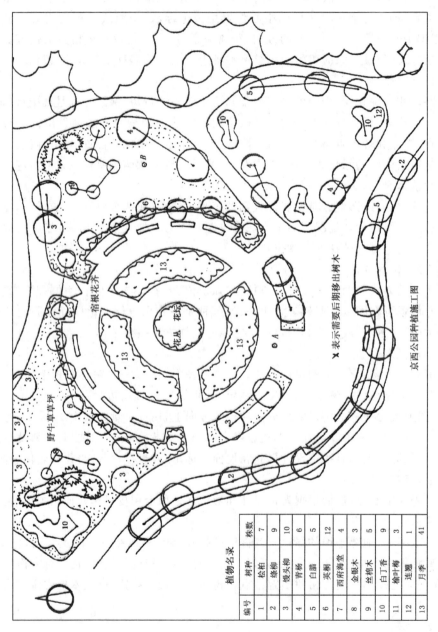

植物名录

| 编号 | 树种 | 株数 |
|---|---|---|
| 1 | 桧柏 | 7 |
| 2 | 缘柳 | 9 |
| 3 | 馒头柳 | 10 |
| 4 | 青杨 | 6 |
| 5 | 白蜡 | 5 |
| 6 | 英桐 | 12 |
| 7 | 西府海棠 | 4 |
| 8 | 金银木 | 3 |
| 9 | 丝棉木 | 5 |
| 10 | 白丁香 | 9 |
| 11 | 榆叶梅 | 3 |
| 12 | 连翘 | 1 |
| 13 | 月季 | 41 |

京西公园种植施工图

图12-30 京西公园种植施工图

✗表示需后期要移出树木

宿根花齐

野牛草坪

花丛 花坛

4.支距法

此种方法在园林施工中经常用到,是一种简便易行的方法。它是根据树木中心点至道路中线或路牙线的垂直距离,用皮尺进行放样。如图 12-31 所示,将树中心点 1,2,3,4,5 等在路牙线的垂足 $E,D,C,B,A$ 等点在图上找出,并根据 $ED,DC,CB,BA$ 等距离在地面相应园路路牙线上用皮尺分段量出并用白灰撒上标记,确定 $E,D,C,B,A$ 等点,再分别作垂线按 $1E,2C,3D,4A,5B$ 等尺寸在地面上作出 1,2,3,4,5 等点,用白灰撒上标记或钉木桩,在木桩上写上树名,这样就可进行树木种植施工。

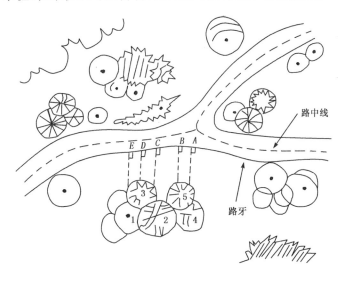

图 12-31　公园树木种植的支距法放样

支距法由于简便易行,在要求精度不高的施工中,如挖湖、堆山轮廓线及其他比较粗放的园林施工中经常用到。

**三、规则的防护林、风景林、果园、苗圃的种植放样**

规则的防护林、风景林、果园、苗圃常常成片规则种植某一树种(或两个树种)。放样时,首先把种植区域的界线视现场情况用极坐标法或支距法等在实地上标定出来,然后根据其种植的方式再定出每一植株的具体位置。有两种种植法:矩形种植和三角形种植。

1.矩形种植

如图 12-32 所示,$ABCD$ 为种植区域的界线,每一植株定位放样方法如下:

(1)假定种植的行距为 $a$、株距为 $b$。沿 $AD$ 方向量取距离 $d'_{A-1}=0.5a$,$d'_{A-2}=1.5a$,$d'_{A-3}=2.5a$,定出 1,2,3 等各点;同法在 $BC$ 方向上定出相应的 $1',2',3'$ 等各点。

（2）在纵向 $11'$，$22'$，$33'$ 等连线上按株距 $b$ 定出各种植点的位置，撒上白灰标记。

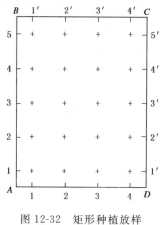

图 12-32　矩形种植放样

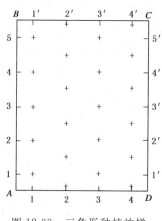

图 12-33　三角形种植放样

### 2.三角形种植

（1）如图 12-33 所示，与矩形种植同法，在 $AD$ 和 $BC$ 上分别定出 1，2，3 等点和相应的 $1'$，$2'$，$3'$ 等点。

（2）在第一纵行（单数行）上按 $0.5b$，$b$，…，$b$，$0.5b$ 间距定出各种植点位置，在第二纵行（双数行）上按 $b$，$b$，…，$b$ 间距定出各种植点位置。

**四、行道树定植放样**

道路两侧的行道树，要求栽植的位置准确，株距相等。一般是按道路设计断面定点。在有路牙的道路上，以路牙为依据进行定植点放样。无路牙则应找出道路中线，并以之为定点的依据，用皮尺定出行距大约每 10 株钉一木桩，作为控制标记，与路另一侧的 10 株一一对应（应校核），最后用白灰标定出每个单株的位置。

# 第八节　园林工程的竣工测量

**一、竣工测量**

竣工测量指的是工程竣工后，为编绘竣工总平面图，对实际完成的各项工程进行的一次全面测量。

**二、编绘竣工总平面图**

编绘竣工总平面图时，需要在施工过程中收集一切有关的资料，包括设计总平面图、系统工程平面图、纵横断面图及变更设计的资料、施工放样资料、施工检查测量及竣工测量资料等。为了便于使用图纸，可以采用分类编图，如综合竣工总平面图、管线竣工总平面图、道路竣工总平面图等。

编绘竣工总平面图，其目的在于：

(1)它是对工程竣工成果和质量的验收测量。

(2)它将便于日后进行各种设施的维修工作，特别是地下管道等隐蔽工程的检查和维修工作。

(3)它为以后的改建、扩建提供了原有各项建筑物、地上和地下各种管线及测量控制点的坐标、高程等资料。

## 思考练习题

1.点的平面位置测设有哪几种方法？

2.龙门板如何进行设置？

3.园林植物的放样方法是什么？

# 参 考 文 献

[1] 卞正富．测量学．北京：中国农业出版社，2002

[2] 王侬，过静珺．现代普通测量学．北京：清华大学出版社，2001

[3] 同济大学，清华大学．测量学．北京：测绘出版社，1991

[4] 卞正富，纪明喜，谷达华．测量学．北京：中国农业出版社，2002

[5] 武汉测绘科技大学平差教研组．测量平差原理(第三版)．北京：测绘出版社，1996

[6] 北京林学院．测量学．北京：林业出版社，1978

[7] 武汉测绘学院．控制测量学．北京：测绘出版社，1979

[8] 韩熙春．测量学．北京：林业出版社，1978